KB077891

명화 속에 담긴

그 도시의 다리

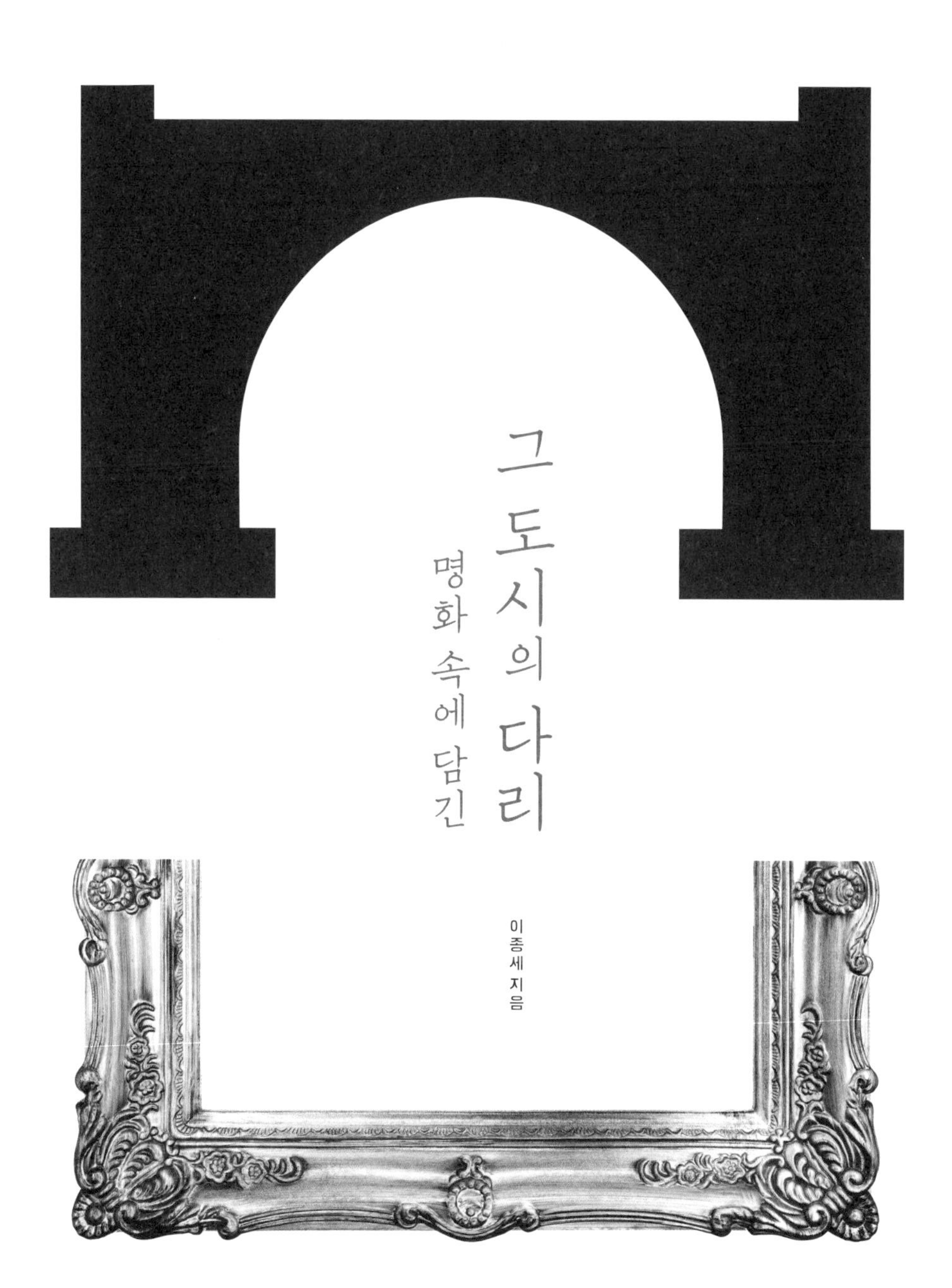

명화 속에 담긴 그 도시의 다리

이종세 지음

씨아이알

머리말

교량을 전문으로 하는 토목공학자이다 보니, 영화를 볼 때도 그림을 볼 때도 다리가 담긴 작품을 더 유심히 살피게 된다. 화가에게 그 다리는 어떤 느낌으로 다가왔을까를 상상해보기도 하고, 그 상상이 화가의 삶과 그의 다른 작품들에 대한 새로운 관심으로 이어지기도 한다. 그림이 된 다리들. 여기에 대한 이야기들로 기술과 예술, 공학과 문화 사이에 아주 작은 다리를 놓을 수 있으면 좋겠다는 생각을 해보았다.

이 책은 필자가 지난 3년여 동안 '다리스토리: 기술과 예술을 건너서'라는 제목으로 〈대한토목학회지〉에 매월 연재했던 글을 모아 엮은 것이다. 한 편 한 편 독립적으로 쓴 글들이어서 사실 전체를 구성하는 긴밀한 체계는 없다. 그저 '그림이 된 다리'를 빌려 다리 건설의 배경과 과정 등을 소개하고, 그 다리가 놓인 도시의 삶과 역사에 대해 이런저런 이야기를 흥미 위주로 쉽게 썼을 뿐이다.

그래서 이 글은 에세이가 아니라 오디세이다. 개인적인 감상을 담은 다리 기행문이 아니라 유럽 옛 물길을 항해하며 만나는 도시와 다리에 대한 탐험이다. 한강철교와 반포대교 사이에 근대에서 현대로 이어지는 서울의 역사가 숨어 있듯이, 다리는 시간의 흐름을 거슬러 도시의 속내를 들여다볼 수 있게 해주는 탐험의 대상이다. 그리고 그림은 안내자 역할을 한다.

다리 위에 서면
도시의 새로운 모습이 보인다

이 글의 씨앗은 건설환경공학과 학생들이 2학년 1학기에 수강하는 '공학설계입문'이라는 과목에서 생겨났다. 아직 전공과목을 접하지 못한 이들에게 공학설계를 가르치는 일은 결코 쉬운 일이 아니다. 창의성을 키우자는 취지로 개설된 과목이라 당혹감은 더했다. 그래서 기존의 교육공학적 설계론을 지양하고 다리라는 구체적인 사례를 통해 공학설계의 길을 조금 엿보게 하고 싶었다. 그림이 된 다리, 도시의 색깔과 이야기를 만들어낸 다리를 통해 설계의 중요성과 다리의 가치를 깨닫게 해주고 싶었다. 꿈을 가졌던 위대한 엔지니어의 열정과 도전을 함께 보여주고 싶은 욕심도 있었다.

필자는 인문학자도 글쓰기를 전문으로 하는 사람도 아니다. 토목공학, 그중에서도 다리 구조의 원리를 탐구하는 구조공학을 전공한 기술자다. 이런 필자가 글을 쓰기 시작한 이유는 단 한 가지, 바로 사람들을 다리 위로 안내하기 위해서다. 다리는 세상을 보는 새로운 시점을 제공한다. 다리 위에 서면, 전에는 볼 수 없었던 도시의 새로운 모습이 보인다.

물론 다리는 기능적인 필요에 의해 만들어진다. 그러나 다리가 놓이는 순간 다리는 더 이상 단순한 기능적인 구조물이 아니게 된다. 금문교처럼 위대한 다리에서부터 작고, 이름 없고, 평범한 다리에 이르기까지 모든 다리는 세상에 대한 시선을 구현하고 변화시키며 말을 걸어온다. 다리는 도시와 사람과 자연이 만드는 생태계의 일부가 되어 새로운 가치를 만들어낸다.

다리는 나의 놀이터였고 집은 그림 냄새로 가득했다

이 책을 쓰게 된 것은 아마도 내 어린 시절의 경험과 무관하지 않을 것이다. 어린 시절, 다리는 나의 놀이터였고 내가 살던 집은 그림 냄새로 가득했다.

초등학교 시절을 나는 거의 다리에서 보냈다. 물론 더 멀리 모험을 해보고 싶었지만 부모님은 늦게 본 막내아들을 마음대로 돌아다니도록 허락하지 않았다. 그래서 집에서 지척에 있던 정원의 누각과 돌다리가 나의 놀이터였고 시간만 나면 동네 친구들과 그곳으로 달려갔다. 겨울이 되면 연못의 얼음 위에서 스케이트를 타기도 했다. 다리 아래의 얼음은 두껍게 얼지 않아 교각 옆으로 물이 배어 나오곤 했는데, 다리 밑을 지나면 얼음장이 쑥 가라앉았다가 솟아오르는 스릴 가득한 추억들을 갖고 있다. 이 다리가 1638년에 건설된 광한루의 오작교다. 네 개의 석조 아치로 이루어진 이 다리가 우리나라에서 최대 규모를 갖춘 석조 아치교가 아니던가? 또래의 다른 아이들에 비해서는 드물게 누린 행운이었다.

내가 어린 시절을 보냈던 집에는 화실이 있었다. 기억조차 가물가물한 어린 시절 나이 차이가 많은 큰 누님은 이십 대 후반의 야심만만한 서양화가였다. 그래서 집에는 늘 캔버스, 물감, 붓 등 수많은 유화 도구들이 있었고 무엇보다 오일 냄새가 그득했다. 누님은 아버지와 자주 그림에 대해서 대화를 나누었는데 그런 대화보다는 화실에 즐비한 그림책들이 나의 호기심을 자극했다. 큰 도판이 가득 실린 무거웠던 그림책들은 발행된 당시 어지간한 학교 도서관에서조차 보기 힘든 책들이었다. 그런 책들이 가까이 있었던 것 또한 내게는 커다란 행운이었다.

철이 든 이후에도 다리와 그림은 늘 내 곁에 있었다. 그러나 그 둘을 묶어 글을 쓸 생각은 아주 최근에서야 하게 되었다. 아득한 오래 전에 벌어진 그때의 기억들이 어딘가에 꼭꼭 숨어 있다가 나이가 들자 슬그머니 기어 나와 지금 내게 새롭게 말을 걸고 있는 듯하다.

도시의 상징이 된 다리들
이미 사라지고 없는 다리들

이 책에서 다룬 다리들은 대부분 오래 전에 건설된 유럽의 다리들이다. 중세부터 근대에 이르는 사이에 건설된 것들이 많다. 유명한 다리도 있고 그렇지 않은 다리도 있다. 도시의 상징이 된 다리도 있고, 이미 사라지고 없는 다리도 있으며, 여러 번 파괴되었다가 제 모습으로 재건된 다리도 있다. 중요한 다리지만 그림으로 남아 있지 않은 다리들은 제외할 수밖에 없었다.

그림 중에는 소위 명화의 반열에 들 수 있는 것도 있고 그렇지 않은 것도 있다. 처음 들어보는 화가의 작품도 있을 것이다. 대부분의 그림들이 화가의 대표작은 아니라는 점 또한 짚고 넘어가야 할 것 같다. 그림 관련 도서에서 많이 다루는 역사화나 종교화와 달리 다리가 있는 그림에는 이야기 소재가 많지 않다. 알레고리도 상징도 없이 보는 그대로인 경우가 대부분이다. 다리가 주인공이라 해도 그저 풍경의 일부일 뿐이다.

유럽의 오래된 다리들이기 때문에 명확하지 않은 자료로 애를 먹을 때도 있었다. 나름 연구하는 사람의 자세로 많은 자료를 여러 차례 꼼꼼히 살폈지만 실수가 있다면 전적으로 나의 잘못이다. 너그러운 이해를 바란다.

도시의 중심에서
한번쯤 마주치게 될 다리들

현장에서 일하고 있는 젊은 교량 설계자들이 이 책을 통해 다리의 가치를 재발견하고 교량 설계라는 행위에 대해 깊이 성찰할 수 있는 계기가 되면 좋겠다. 오래 전 먼 나라에 있었던 선구적인 교량 공학자들의 꿈과 노력과 성취를 되돌아보며 자세를 다잡아 미래를 준비할 수 있으면 좋겠다. 법고창신. 즉 옛것을 살펴 창조할 수 있도록 하자는 것이 나의 작은 바람이다.

다리에 대해 조금 더 깊은 이해를 원하는 일반 독자들에게도 이 책이 읽혔으면 좋겠다. 다리의 건설 과정과 기술의 혁신, 또 기술자들의 노력에 대해 조그마한 관심이라도 갖게 된다면 그것은 덤이다. 장차 유럽의 도시를 방문하게 될 여행자에게도 작은 도움이 될 수 있을 것 같다. 도시의 중심에서 필연적으로 마주치게 될 다리에 대해 역사적 배경을 알고 있다면 낯선 도시가 훨씬 친근하게 다가오지 않을까.

이 책을 만드는 데 많은 사람들로부터 도움을 받았다. 그 모든 분들께 진심으로 감사의 마음을 전한다. 학회지에 연재한 글을 읽고 때때로 말과 글로 성원해주었던 독자들께도 무한한 감사의 뜻을 전한다.

에든버러 **포스 철도교**

스털링 **스털링 다리**

앵글시 **메나이 현수교**

메이든헤드 **메이든헤드 철도교**

런던 **웨스트민스터 다리**

런던 **워털루 다리**

런던 **타워브리지**

파리 **아르콜 다리**

파리 **퐁뇌프**

파리 **퐁데자르**

아르장퇴이 **아르장퇴이 철도교**

빌뇌브 라 가렌느 **빌뇌브 라 가렌느 다리**

아비뇽 **아비뇽 다리**

아를 **랑글르와 다리**

톨레도 **알칸타라 다리**

로마 **수블리키우스 다리**

로마 **산탄젤로 다리**

로마 **밀비우스 다리**

피렌체 **폰테베키오**

비키오 **치마부에 다리**

베니스 **리알토 다리**

뉘른베르크 **케텐쉬티크**

프랑크푸르트 **알테브뤼케**

쾰른 **호엔촐레른 다리**

드레스덴 **아우구스투스 다리**

프라하 **찰스 다리**

모스타르 **모스타르 다리**

이스탄불 **갈라타 다리**

1. 래이버리와 포스 철도교

Lavery and Forth Railway Bridge

존 래이버리 <포스 다리>
1914년, 캔버스에 유채, 50.8 x 76.2cm
제국전쟁미술관

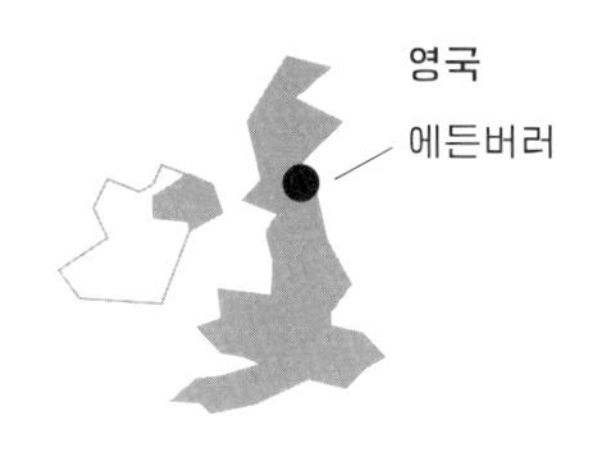

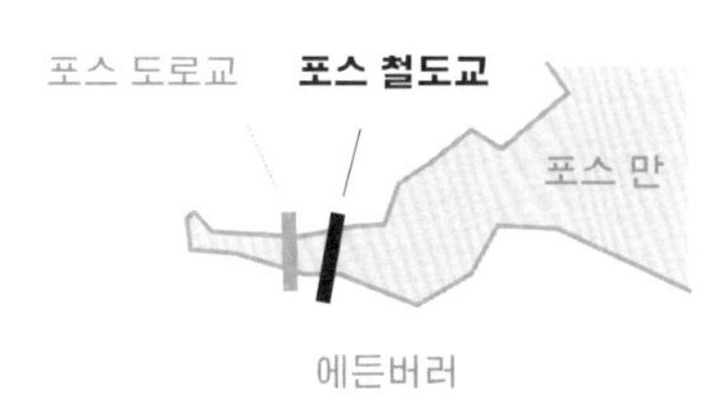

테이교 참사로 인해 큰 충격을 받은 그들은 세상에서 가장 클 뿐 아니라, 가장 강하고 가장 안전한 다리를 건설해야만 했다. 이를 위해 두 가지 혁신적인 기술을 도입한다. 바로 강철이라는 재료와 캔틸레버 원리다.

화가는 해구 만의 언덕에서 다리를 바라보고 있다. 그림 위쪽을 차지하고 있는 특이한 형태의 다리는 포스 다리 Forth Bridge다. 육중한 철탑이 팔을 내밀고 양쪽에서 내민 팔들 위로 가느다란 트러스 거더 truss girder가 연결되어 있다. 화가는 다리의 거대한 규모를 보여주려는 듯 물 중앙에 증기선 한 척을 그려 넣었다. 다리 너머에 군데군데 정박해 있는 선박들은 영국 해군의 전함들이다. 언덕 아래로 살짝 보이는 것은 물가에 서 있는 건물의 지붕들이리라. 만의 물은 겨울인 듯 차가워 보이고, 다리 위로 펼쳐진 불그레한 구름이 변화무쌍한 스코틀랜드의 하늘을 보여주고 있다. 이 그림은 아일랜드 출신의 화가 래이버리가 1914년에 그린 〈포스 다리〉라는 작품이다.

아일랜드 벨페스트에서 태어난 래이버리 Sir John Lavery (1856~1941)는 1870년대와 80년대 초반 글래스고와 파리에서 미술 공부를 했으며 신진 작가들의 모임인 '글래스고 보이스 Glasgow Boys' 그룹에 참여했다. 1888년 글래스고 만국박람회에 참석한 영국 여왕의 국빈 방문 그림을 의뢰 받은 래이버리는 이 일로 인해 사교계의 초상화 작가로 이름을 얻게 되고 곧 런던으로 활동 무대를 옮겼다. 런던에서 만난 휘슬러와 친하게 지내며 그의 그림에서 영향을 받기도 했다. 제1차 세계대전 중 종군 화가로 참여하게 되는데 건강이 좋지 않아 전선에 나아가지 못하고 영국에 머물며 주로 함대나 비행선 등을 그렸다. 전쟁 후 기사 작위를 얻고 1921년에 왕립 아카데미 회원이 되었다.

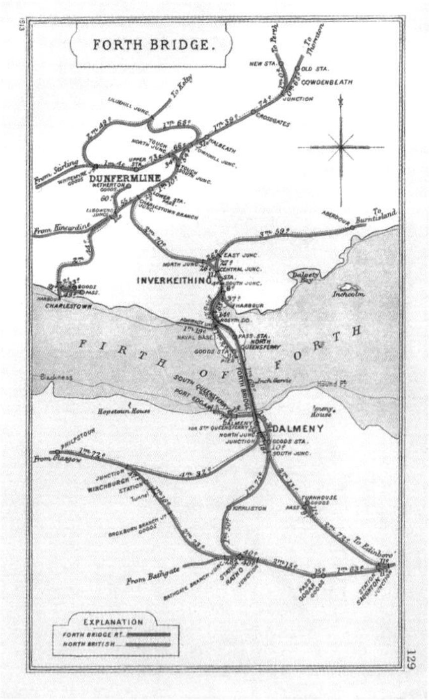

다리가 위치한 포스 만의 지도와 철도 노선

영국 최초의 강철 다리

포스 다리는 스코틀랜드의 수도 에든버러에서 서쪽으로 14km 떨어진 포스 만 Firth of Forth에 위치한 철도교다. 1883년에 공사가 시작되어 1890년 3월 4일 개통되었다. 다리의 총 길이가 2.5km이고 세 개의 거대한 탑 사이에 놓인 두 경간은 무려 520m에 달한다. 이 다리는 에든버러와 파이프라는 도시를 잇고 있는데, 영국의 북동부와 남동부를 이어주는 중요한 간선 철도가 지난다. 이 다리는 거대한 규모와 독특한 형태로 누구나 금방 알아볼 수 있는 스코틀랜드의 자랑스러운 아이콘이 되었다.

이 다리는 영국 최초의 강철 다리다. 동시대에 건설된 파리의 에펠탑이 주철로 건설된 것과 비교하면 상당한 기술적 혁신이 이루어졌음을 짐작할 수 있다. 1855년 베세머 공정이 발명된 후 강철이 대량으로 생산될 수 있었으나 영국 무역청은 강도를 예측하기 어렵다는 이유로 1877년까지 구조물에 사용하는 것을 금지했다. 이 무렵 개발된 지멘스-마틴 평로 공정으로 인해 비로소 품질이 일정한 강재가 생산되기 시작했고 결국 포스 다리에 최초로 사용되기에 이른다.

약 40m의 높이에 건설된 다리 양측의 진입 고가교는 총 15개의 경간으로 구성되었고 각 경간의 길이는 51m다. 중량이 200t을 약간 넘는 경간 두 개씩을 이어 붙인 연속거더교 고가교를 낮은 높이에서 조립한 후 석재를 쌓아 올리면서 수압 펌프를 이용하여 들어 올리는 방법을 채택했다.

존 래이버리
〈연풍선과 대 함대, 교각들, 포스 다리〉
1917년, 캔버스에 유채, 63.5×76cm
개인 소장

래이버리가 1917년에 그린 다른 작품에는 진입 고가교가 화면 가득 담겨 있다. 둑에 서 있는 사람들과 비교해보면 그 규모를 짐작할 수 있을 것이다.

현수교로 태어날 뻔했던 다리

> "너무 가벼워 흐린 날에는 보이지 않을 것이고, 바람이 심하게 불고 난 후에는 맑은 날이라도 더 이상 보이지 않을 것이다"

1818년 제임스 앤더슨에 의해 이곳에 제안된 현수교에 대해 쏟아진 조소였다.[1] 강한 바람이 지나간 후에는 다리가 살아남지 못할 것이라는 비아냥이다. 당시로서는 상상을 초월하는 규모였으니 그리 놀랄 일은 아니다.

시간이 흐르고 포스 만을 철도로 이어야 할 필요가 절실해지자 이런저런 대안을 검토한 끝에 결국 이곳에 현수교를 건설하기로 한다. 철도 건설 경험이 많은 교량 공학자 부취 Sir Thomas Bouch (1822~1880)가 1871년에 제안한 현수교가 받아들여진 것이다. 그러나 이 현수교는 1873년 초석을 놓고 기초 공사가 시작되자마자 중단된다.[2] 그가 설계하고 감독한 테이교 Tay Bridge가 붕괴됐기 때문이었다.

테이교는 에든버러의 북쪽 던디 Dundee의 테이 만 Firth of Tay을 가로지르는 길이 3.5km의 단선 철도교로 1878년에 개통되었다. 그러나 개통된 지 불과 1년이 조금 더 지난 1879년 12월 28일 저녁 폭풍우에 테이교는 열차 운행 중 붕괴되어 열차에 타고 있던 승객 75명 전원이 사망했다. 이후 '테이교 참사'의 사고

조사단은 테이교의 "설계가 잘못됐고, 시공도 잘못되었으며, 유지관리도 잘못되었다"라고 결론짓는다.

테이교가 개통된 후 일 년쯤 지나 다리를 건넌 빅토리아 여왕은 부취에게 기사 작위를 수여했다. 그로부터 불과 몇 달 후 테이교 참사가 발생한 것이다. 망신을 당한 부취는 몇 개월 숨어 지내다가 쓸쓸히 숨을 거두었다. 그의 나이 58세였다. 수백 킬로미터에 달하는 철도와 수백 개의 교량을 성공적으로 건설한 그의 걸출한 업적에도 불구하고 부취는 오로지 테이교 참사와 함께 오명을 남기게 된다.

테이교 참사는 교량 공학 역사상 가장 유명한 사고 중 하나다. 붕괴 원인에 대해서는 오늘날까지도 논란이 그치지 않고 있다. 분명한 점은 부취가 다리를 설계할 때 바람의 영향을 전혀 고려하지 않았다는 점이다. 교량 공학은 참담한 실패를 먹고 자라는 것이던가? 이 다리 참사 이후 영국의 다리 설계는 바람의 하중을 고려하게 된다.

이런 배경 아래 '포스 다리' 설계의 중책이 교량 공학자 베이커와 파울러에게 맡겨진다. 베이커 Sir Benjamin Baker (1840~1907)와 파울러 Sir John Fowler (1817~1898)는 현수교를 염두에 두고 세 가지 안을 검토했으나 결국 '연속 거더교'가 가장 적합

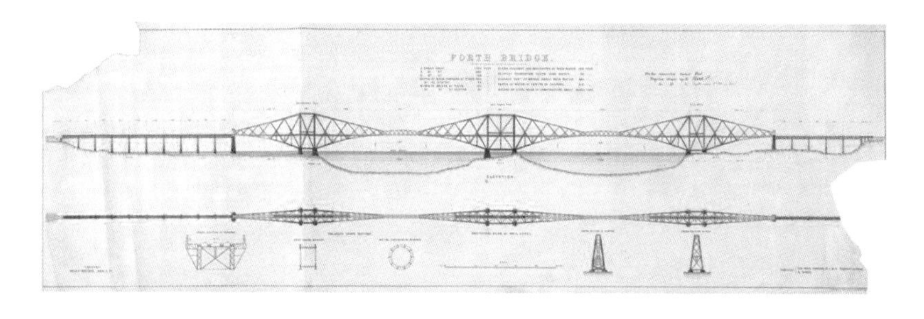

포스 다리의 설계도

하다는 결론을 내린다. 앞의 설계도에서 보듯 '캔틸레버 cantilever 트러스' 형식의 다리다. 테이교 참사로 인해 큰 충격을 받은 그들은 세상에서 가장 클 뿐 아니라, 가장 강하고 가장 안전한 다리를 건설해야만 했다.[3] 이를 위해 두 가지 혁신적인 기술을 도입한다. 바로 강철이라는 재료와 캔틸레버 원리다.

헨리 8세를 닮은 다리

이 다리에서 가장 눈을 끄는 것은 뭐니 뭐니 해도 세 개의 거대한 타워다. 타워의 높이는 무려 110m로 바티칸의 성 베드로 성당의 돔보다 높다. 타워 사이에 놓인 두 개의 주 경간의 길이는 무려 521m다. 타워에서 207m의 캔틸레버가 양편으로 뻗어 나와 중앙에 놓인 107m 길이의 트러스를 지지하고 있는 구조다.

남쪽 포구에서 바라본 포스 철도교

교량의 상부 구조의 무게만 무려 58,000t이고, 사용된 리벳 rivet도 무려 6백 50만 개에 달한다. 1917년 캐나다 퀘벡교가 건설되기 전까지는 세계에서 경간이 가장 긴 캔틸레버 형식의 다리였다.

포스 다리는 구조물의 규모

와 함께 '앙버팀' 자세로도 유명하다. 사진에서 보듯 크고 강한 다리를 건설하기 위해 타워의 단면이 아래로 갈수록 벌어져 있다. 이 앙버팀 자세는 헨리 8세의 궁정화가였던 홀바인이 그린 초상화에서 유래한 자세다.[4]

홀바인 공방
〈헨리 8세의 초상〉
1537~1546년경
캔버스에 유채
239×134.5cm
리버풀 워커 미술관

오른쪽 그림의 '다리'를 보라. 이혼을 밥 먹듯 하면서 교황에 대항하는 헨리 8세의 초상은 다리를 쩍 벌리고 당당하게 서 있는 사내다운 야무진 자세를 보여준다. 요즘 유행하는 표현으로 원조 '쩍벌남'이다. 포스 다리의 '포스'에는 구조물의 스케일뿐 아니라 이 앙버팀 자세도 한몫 단단히 하고 있다. 테이교의 교각도 이런 자세를 취했더라면 아마도 붕괴되는 비극은 면할 수 있었을 것이다.

거대한 쇳덩어리 괴물

이렇듯 규모가 크다 보니 포스 다리는 자연의 비례를 압도하는 느낌을 준다. 지금의 기준으로도 그렇다. 적당한 규모의 전통적 미학에 익숙한 당시 대중의 눈에는 거대한 쇳덩어리 괴물로 비쳐졌을지도 모른다. 당시는 특히 '캔틸레버 다리' 형식의 미학에 대해 말도 많고 논란도 많던 시절이었다. 포스 다리에 대해 당대의 유명 시인이자 작가였던 윌리엄 모리스는 이렇게 비판했다.[5]

> "장차 철로 만드는 건축이란 절대 없을 것이다. 기계들을 개선한다는 것이 점점 더 추하게 변해가더니 끝내 다다른 곳이 모든 추함을 담은 최고의 표본인 포스 다리다."

다리를 설계한 베이커는 모리스의 비판에 대해 이렇게 응수한다.

> "만족시키도록 설계된 기능을 알기 전에는 결코 어떤 물건의 아름다움을 판단할 수 없다. 예컨대 파르테논 신전의 기둥은 그 자리에서는 아름답지만 속을 뚫어 대서양 횡단용 증기선의 굴뚝으로 쓴다면 달라지지 않겠는가?"

유용한 물건은 옳거나 일관성이 있을 뿐 아름다울 수 없다던 칸트의 명제에 의하면 이 다리는 결코 아름다울 수가 없다. 그러나 인간의 상상력을 압도하는 거대한 규모의 물건이 주는 숭고함은 영혼을 고양시킬 수 있다고 한 것도 칸트가 아니던가. 증기기관차가 굉음을 울리며 장대한 포스 다리의 경간을 지나는 모습은 많은 이들에게 숭고한 경험을 선사했을 것이 분명하다. 베이커는 자신이 설계한 다리의 거대함으로부터 숭고의 감정이 솟아날 것을 확신한 것 같다.

> "설계도만 보고 비판하는 것은 소용없는 짓이다. 실제 구조물의 거대한 규모에서 오는 정신적 감정이 없기 때문에"

유네스코 세계문화유산에 등재

스코틀랜드의 자존심일 뿐 아니라 영국이 국보급으로 자랑스러워하는 이 "강구조 디자인의 걸작"[6] 이 2015년 7월 드디어 유네스코 세계문화유산에 등재되었다. '에든버러 신·구시가지'에 이어 스코틀랜드에서만 여섯 번째다.

전 영국 수상 고든 브라운은 포스 다리의 유네스코 등재를 위해 노력한 사실을 공개한 바 있다. "포스 다리가 언제나 내겐 세상의 불가사의 중 하나였다는 사실을 유네스코가 공식적으로 인정해달라고 간청하는" 개인적인 편지를 유네스코 사무총장 이리나 보코바에게 보냈다는 것이다.[7] 전통을 중시하고 옛것을 사랑하는 영국인들이지만 이들의 다리 사랑은 유별나다. 교량으로서 영국이 보유하게 된 세계문화유산은 '아이언 브리지 계곡'과 '폰트치실트 수노교와 운하'와 더불어 이제 세 개가 되었다.

인간 캔틸레버 트러스와 놀라운 와다나베 씨

앞서 설명한 바와 같이 포스 철도교는 '캔틸레버 트러스' 형식의 다리다. 이 개념은 다음 사진에 잘 나타나 있다. 구조역학 교과서에도 종종 등장하는 이 유명한 사진은 다리의 설계자 베이커와 파울러의 '인간 캔틸레버 트러스' 시범이다. 사진에서 양쪽에 앉은 베이커와 파울러의 팔 즉 캔틸레버는 인장력을, 그리고 팔 아래에 있는 막대는 압축력을 각각 표현하고 있다. 가운데 그네처럼 생긴 자리에 앉아 매달려 있는 사람은 다리 중앙에 놓인 트러스의 하중을 표현하고 있다. 테이교 참사의 후유증으로 새로운 형식의 다리에 의구심을 가지고 있던 대중들에게 다리의 원리를 이해시키기 위한 목적으로 연출했을 것이다.

캔틸레버 다리의 원리를 보여주는 인간 모형

그런데 놀라운 것은 그림 중앙에서 거더 역할을 하고 있는 사람이 일본인이라는 점이다. 교량 설계자 베이커의 조수였던 카이치 와다나베 (1858~1932)다. 그 먼 옛날 이미 일본은 교량 기술을 배우기 위해 유럽에 기술자를 파견했던 것이다. 1880년대 중반이니까 우리보다 적어도 80년 정도는 앞섰다. 동경대를 졸업한 와다나베는 1885년 글래스고 대학으로 진학하여 토목공학사 학위를 받았고 이후 파울러와 베이커의 설계회사에 취직했다. 현장감독으로 포스 다리 공사에도 참여했던 와다나베는 다리가 완공되기 직전인 1888년 일본으로 돌아갔다. 일본은 그렇게 배운 기술로 우리 한강에 놓인 최초의 근대식 교량인 한강 철교를 건설했던 것이다.

1 https://en.wikipedia.org/wiki/Forth_Bridge

2 http://www.forth-bridges.co.uk/forth-bridge/history.html

3 David Brown, "Bridges: Three Thousand Years of Defying Nature," Mitchell Beazeley, 1993, pp. 72-73

4 홀바인은 종교개혁의 거친 광풍을 피해 영국으로 피신하여 헨리 8세의 궁정화가가 되었다. 홀바인이 1536~37년에 제작한 오리지널 초상화는 1698년 불에 타 없어졌으나 수많은 복사본이 존재한다. 여기에 사용한 그림은 그중 가장 잘 알려진 리버풀의 워커 아트 갤러리 소장본이다.

5 Henry Petroski, "Engineers of Dreams: Great Bridge Builders and The Spanning of America," Vintage Books, 1995, pp. 77-93

6 David Billington, "The Tower and The Bridge: The New Art of Structural Engineering," Princeton University Press, 1983, pp. 118-122

7 http://www.theguardian.com/uk-news/2015/jul/05/forth-bridge-named-as-scotlands-sixth-world-heritage-site

2. 베리힐과 스털링 다리

Berriehill and Stirling Bridge

존 베리힐
<스털링의 옛 다리>
1707년
캔버스에 유채
32 x 112cm
스털링 스미스 미술관

유럽 역사상 창을 든 민병대가 중무장한 기사들과 싸워 승리한 것은 '스털링 다리의 전투'가 처음이다. 이것만이 아니다. 스털링은 영국군의 무적 신화를 깨뜨렸다. 스코틀랜드 사람들은 영국과 싸워 이겨본 적이 없었다. 이 승리는 그들에게 자신감을 불어넣어 독립을 위한 투쟁 의지를 북돋아주었다.

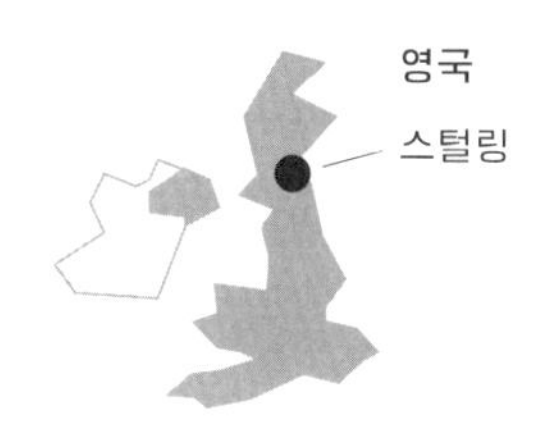

그림 중앙에 다리가 떡 버티고 서 있다. 네 개의 반원형 아치로 구성된 다리는 낙타의 등처럼 솟아올라 중세 교량의 특징을 유감없이 보여준다. 아치 위의 두툼한 벽면으로 인해 다리는 마치 성채와도 같이 다리 양옆으로 늘어선 건물들을 압도하고 있다. 중앙 교각의 측면 물가름 위로 탑이 있고 흥미롭게도 다리 끝이 아니라 다리 중간에 그것도 아치 위에 망루처럼 보이는 건물이

서 있다. 시간이 정지된 듯 풍경이 얼어붙어 있고 마을에는 사람의 그림자도 보이지 않는다. 양편의 초원과 수목들은 렘브란트의 영향을 받은 듯 어둡고 무겁다. 화면 전면에 한 남성이 옷을 차려입고 홀로 낚시에 열중하고 있다. 낚싯대와 줄이 만드는 삼각형이 다리의 아치와 묘한 대비를 이루고 있다. 낚시꾼의 뒤편으로 조그만 지류에서 물레방아를 통해 물이 흘러나오고 있다. 지류가 만들어내는 소용돌이와 다리 너머에서 피어오르는 뭉게구름이 괴괴한 풍경에 그나마 잔잔한 움직임을 주고 있다.

이 그림은 영국의 화가 존 베리힐 John Berriehill이 1707년에 그린 〈스털링의 옛 다리〉라는 작품이다.[1] 불행히도 베리힐에 대해서는 그가 1707년경에 활동했다는 것 외에는 알려진 것이 전혀 없고 그의 작품도 이 그림 외에는 남아 있는 것이 없다. 특이하게도 이 그림은 옆으로 매우 길다. 다리를 담아내기 위해 긴 캔버스가 필요했으리라. 그림 솜씨는 그리 훌륭해 보이지 않으나 고졸한 분위기가 묘하게 정겹다.

스코틀랜드 독립전쟁사에 우뚝 선 스털링 다리

이 그림에 등장하는 다리는 그 유명한 '스털링 다리의 전투'가 벌어진 다리다. 이 전투는 1297년 9월 11일 스코틀랜드의 제1차 독립전쟁 당시 스털링의 포스 Forth강을 사이에 두고 스코틀랜드 독립군과 영국군 사이에 벌어진 전투를 일컫는다. 월리스 William Wallace와 모레이 Andrew de Moray가 이끄는 스코틀랜드 독립군이 수적인 열세를 극복하고 영국군에 크게 승리한 전투다.

실제 전투가 벌어진 스털링 다리의 정확한 위치는 오랫동안 논란이 되어왔다. 그러나 최근 현재의 스털링 다리 상류 쪽에서 네 개의 돌 교각이 발견되고 교각 연장선상의 강변에서 석공의 흔적도 함께 발견되면서 논란에 종지부를 찍었다. 애비 크레이그 산으로부터 다리 북쪽에 이르는 흙 도로의 양편에 있었던 전투 장소는 현재 스코틀랜드의 역사 유적으로 보호되고 있다.

아래의 사진은 현재의 스털링 다리다. 1550년경에 건설된 석조 아치교로 그림에서처럼 네 개의 아치로 구성되어 있으며 다리 끝에 조그마한 석탑 장식이 있다.

현재의 스털링 다리

이 다리는 노르만 양식을 잘 보여주고 있다. 교각은 두꺼우면서도 균형이 잘 잡혀 있다. 반원형 아치에는 링이 두 겹으로 되어 있는데, 위쪽의 링이 아래쪽 링 바깥쪽으로 나와 있어 다리의 폭이 넓어지는 효과가 있다. 스팬드럴spandrel의 벽은 아치의 바깥 링과 같은 평면으로 다리 위까지 연결되어 있다.[2] 아치 위쪽의 경사 부분이 흥미롭다. 벽돌을 비스듬히 쌓은 것이 아니라 도로의 경사를 따라 계단식으로 쌓았기 때문이다. 다리는 전체적으로 조화로우면서도 위엄이 있다. 요란한 장식적 요소 없이도 충분히 우아한 경관을 연출하고 있다.

영국왕 에드워드, 스코틀랜드를 침탈하다

1286년 스코틀랜드의 왕 알렉산더 3세가 갑자기 죽게 되는데 왕위 계승권자는 노르웨이에 머물던 당시 네 살에 불과한 손녀 마가렛이었다. 그러나 무슨 영문인지 마가렛은 스코틀랜드로 돌아오는 도중에 죽고 만다. 왕위 계승을 두고 다툼이 일자 스코틀랜드 영주들은 '수호자' 정부를 세웠으나 스코틀랜드는 내전의 위험에 빠지게 되고 왕권 중재를 위해 영국왕 에드워드를 불러들인다.

결국 존 벨리올 John Belliol이 왕으로 선택되지만 에드워드는 혼란스러운 틈을 타 1296년 스코틀랜드를 침략하고 벨리올을 영국으로 송환한다. 그리고 서리 백작 Earl of Surrey을 스코틀랜드의 총독으로 크레싱햄 Cressingham을 재무상으로 각각 임명한다. 스코틀랜드를 영국에 병합시킨 것이다. 이로부터 스코틀랜드에서는 독립을 위한 투쟁이 시작된다. 난세에 영웅이 생기는 법이라던가. 그때 '독립 투사' 월리스가 떠오른다.

월리스, 스코틀랜드의 수호자가 되다

윌리엄 월리스 William Wallace (c1270~1305)는 그때까지 영국인들로부터 귀찮은 산적 두목 정도로 치부되고 있었고 스코틀랜드의 영주들도 그를 대수롭게 여기지 않았다. 그러나 월리스는 서남부의 반란군을 규합하고 모레이가 이끄는 동북부의 군대와 합세하여 영국군의 기지를 무자비하게 공격하여 하나둘 격파한다. 이제 그냥 두고 볼 상황이 아니게 되자 버윅에 머물던 서리 백작이 직접 원정에 나서게 된다. 그는 훈련이 잘되고 좋은 장비를 갖춘 영국 군대를 이끌고 스털링으로 향한다.

19세기 초반에 그린 월리스의 초상

1297년 9월 10일 영국군이 스털링에 도착한다. 서리 백작은 던바 전투에서 스코틀랜드의 귀족 영주들의 정규 군대를 쉽게 평정했으므로 월리스와 모레이의 오합지졸을 상대하는 것은 식은 죽 먹기일 것이라는 오만에 사로잡힌다. 그러나 곧 스코틀랜드 반란군을 과소평가했음이 드러난다.

영국군의 무적 신화를 깨다

스코틀랜드 독립군은 강 북쪽에 포진하고 있었다. 스털링 다리는 목조 다리로 말을 탄 기병 둘이 겨우 지나갈 정도로 좁았다. 강을 수 킬로미터 우회하여 수심이 낮은 곳으로 건너면 스코틀랜드 반군을 포위할 수도 있었다. 그러나 왕의 재무상인 크레싱햄은 전쟁을 빨리 끝내 왕의 돈을 절약하고 싶은 욕심으로 다리를 건너 바로 공격하기로 결정하고 선발대를 이끌고 나아간다.

9월 11일 아침 스코틀랜드 반군은 영국군 기병대와 보병대가 스털링 다리를 건너는 것을 애비 크레이그 산기슭에서 바라보고 있었다. 스코틀랜드군의 지도자 월리스와 모레이는 그들이 상대할 수 있을 만큼의 군대가 다리를 건널 때까지 참을성 있게 기다렸다. 그리고 약 반 정도의 군대(약 5400명의 보병과 수백 명의 기병)가 다리를 건넜을 때 일제히 공격을 개시했다.

스털링 다리의 전투를 묘사한 빅토리아 시대의 판화

긴 창을 든 스코틀랜드의 군사들은 높은 지대에서 스털링 다리를 향해 빠르게 진격하여 다리의 교두보를 장악했다. 그러자 영국군 선발대는 나머지 군대로부터 고립되었다. 중무장한 기병대는 질퍽한 늪지대에서 긴 창에 의해 말이 공격을 당하자 전혀 손도 못 쓰고 산산이 흩어졌다. 당황한 영국군은 창에 찔려 죽거나 뒤로 밀려 강에 빠져 익사했다. 선발대의 지휘관 크레싱햄도 쓰러지고 말았다.

다리 주변에는 시체가 산더미처럼 쌓여가는데 남쪽의 영국군은 속수무책으로 강 건너에서 벌어지는 살육을 구경만 할 뿐이었다. 갑옷을 벗어 던진 기사들은 가까스로 강을 헤엄쳐 도망갔다. 결국 100여 명의 기사들과 5천 명에 달하는 보병이 목숨을 잃었다. 스코틀랜드군은 영국군 선발대 지휘관 크레싱햄의 살갗을 벗긴 다음 갈갈이 찢어 승리의 전리품으로 나누어 가졌다. 전설에 의하면 월리스는 "크레싱햄의 살갗을 머리부터 발끝까지 길게 벗겨내어 칼을 차는 허리띠로 사용했다"고 한다.[3]

서리 백작은 반 정도 남은 군사와 함께 강 남쪽에 단단히 버티면서 승리에 고무된 스코틀랜드 반군이 다리를 넘어 남쪽으로 내려오지 못하도록 막고 있었으나 그의 자신감은 이미 사라진 후였다. 그는 결국 다리를 파괴하라고 명령한 뒤 군대를 끌고 버윅으로 후퇴했다.

당시 중무장한 기사들은 무적이었다. 유럽 역사상 창을 든 민병대가 중무장한 기사들과 싸워 승리한 것은 '스털링 다리의 전투'가 처음이다. 이것만이 아니다. 스털링은 영국군의 무적 신화를 깨뜨렸다. 스코틀랜드 사람들은 영국과 싸워 이겨본 적이 없었다. 이 승리는 그들에게 자신감을 불어넣어 독립을 위한 투쟁 의지를 북돋아주었다. 그리고 월리스는 스코틀랜드의 '수호자'로 위촉되었다.

그러나 하찮게 여겼던 스코틀랜드 반군에게 당한 망신은 영국왕 에드워드의 의지를 더욱 굳건하게 만들었다. 이로부터 일 년이 채 지나가기 전 월리스의 스코틀랜드군은 폴커크 Falkirk 전투에서 영국군에게 대패한다.

스털링 다리가 빠진 스털링 다리의 전투

영웅 윌리엄 월리스의 삶은 1995년 멜 깁슨이 감독과 주연을 겸한 영화 〈브레이브하트 Braveheart〉로 만들어졌다. 그러나 영화에는 스털링 다리의 전투가 없다. 스털링 다리의 전투에서 비롯된 영웅 스토리에 스털링 다리가 빠진 것이다. 왜 그랬을까? 다리 주변에서 벌어지는 전투 장면의 촬영이 어려워서 그랬을까? 이로 인해 이 영화는 역사적으로 가장 부정확한 영화 중 하나라는 오명을 얻었다.

실제의 스털링 전투에서 서리 백작은 다리를 일단 건너간 군사들을 불러들이기를 수차례 반복했다고 한다. 무력 시위를 통해 월리스가 항복하도록 유도하기 위한 작전이었다. 그러나 이에 꿈쩍도 하지 않자 서리 백작은 두 명의 수도사를 월리스에게 보내 항복을 권고한다. 수도사들이 바로 돌아와 월리스의 말을 전한다.

> "우리는 평화를 만들기 위해 여기 있는 것이 아니라 싸우기 위해, 우리를 지키기 위해, 그리고 우리의 조국을 해방시키기 위해 있다! 그들에게 오라고 하라. 우리는 그들의 수염에 맹세코 그것을 증명해 보이리라!"

나는 반역자가 될 수 없다

1298년 포커크 전투에서 에드워드에게 패하면서 월리스의 기세는 기울어간다. 기회를 노리며 피해 다니던 월리스는 1305년 에드워드에게 충성하는 스코틀랜드의 기사 멘테이스에게 잡혀 영국군에게 넘겨진다. 런던으로 호송된 월리스는 웨스트민스터에서 반역죄로 재판을 받는다. 이 그림은 스코틀랜드의 역사화가 윌리엄 스캇 William Scott (1811~1890)의 작품이다.

윌리엄 스캇
〈웨스트민스터에서의 윌리엄 월리스 경의 재판〉
1850년경, 캔버스에 유채
137×185cm
런던시 길드홀 미술관

온갖 해괴한 사람들로 가득한 재판정에서 흰 옷을 입은 건장한 체구의 월리스가 당당히 서서 결연한 표정으로 앞을 응시하고 있다. 그의 머리에는 범죄자의 왕이라는 의미의 참나무 가지로 만든 관이 씌어져 있다. 흥미로운 점은 그의 옆에서 누군가가 그의 검을 받들고 있다는 것이다. 이 재판에서 월리스는 반역죄에 대해 다음과 같이 말한다.

> "나는 반역자가 될 수 없다. 왜냐하면 나는 에드워드의 신하인 적이 없었으므로!"

월리스의 비극적 최후

재판이 끝나고 월리스에게 유죄 판결과 함께 '교수·척장·분지형 Hanged, drawn and quartered'이라는 극형이 선고되었다. 1305년 8월 23일, 런던타워에서 월리스는 옷이 벗겨진 채 말 뒤에 거꾸로 매달려 스미스필드로 끌려갔다. 그리고 선고된 형이 집행되었다. 목을 매단 다음 숨이 아직 남아 있는 상태에서 풀어준 후, 성기를 도려내고 배를 갈라 창자를 꺼내 그의 앞에서 태웠다. 그리고는 목을 자른 후 몸통을 네 조각으로 토막 내었다.

이 얼마나 끔찍하고 잔인한 형벌인가! 우리의 역사에도 있던 능지처참과 닮은 형벌이지만 잔인함과 가혹함은 한 수 위인 것 같다. 그의 사지는 따로따로 스털링을 비롯한 스코틀랜드의 주요 도시에 보내 전시하게 했다. 그의 머리는 타르에 담근 후 장대에 꽂아 모든 런던 시민이 볼 수 있도록 런던브리지에 매달았다.

이때부터 런던브리지에는 대역죄를 진 죄수의 목을 장대에 매달아 걸어 놓

17세기의 런던브리지.
입구 건물에
반역자들의 머리를 꽂은
장대가 매달려 있다.

는 전통이 생겨나고 이후 355년간 지속된다. 16~17세기에는 평소 수십 개의 머리가 매달려 있었다고 한다. 그림을 보라. 다리 입구의 성문 위에 바늘꽂이처럼 매달려 있는 둥그런 물체는 반역자들의 머리다. 이것을 보면서 다리를 건너야 했던 백성들이 어찌 반역을 꿈꾸겠는가.

스털링 다리 너머 멀리 애비 크레이그 산 위에 월리스 기념탑이 서 있다.

'스털링 다리'에서 시작되었던 월리스의 영웅담은 '런던브리지'에서 끝이 난다. 하지만 월리스의 비극적인 죽음은 스코틀랜드인들의 저항 의지를 더욱 강하게 만들었다. 그리고 스코틀랜드는 1314년 배넉번 전투에서 에드워드 2세가 이끄는 잉글랜드 군을 무찌르고 끝내 독립을 쟁취한다. 지금으로부터 약 700년 전의 일이다.

1 The old bridge, Stirling; in "The art world in Britain 1660 to 1735," at http://artworld.york.ac.uk; accessed 17 September 2014.

2 Charles Whitney, Bridges of the World: Their Design and Construction, Dover, Mineola, New York, 2003, (orig. pub. 1929), pp. 112-114

3 http://en.wikipedia.org/wiki/Hugh_de_Cressingham

3. 윌킨슨과 메나이 현수교

Wilkinson and Menai Suspension Bridge

노만 윌킨슨 <메나이 현수교>
c1922~1947년, 캔버스에 유채, 76.9 x 114.6cm
영국 국립철도박물관

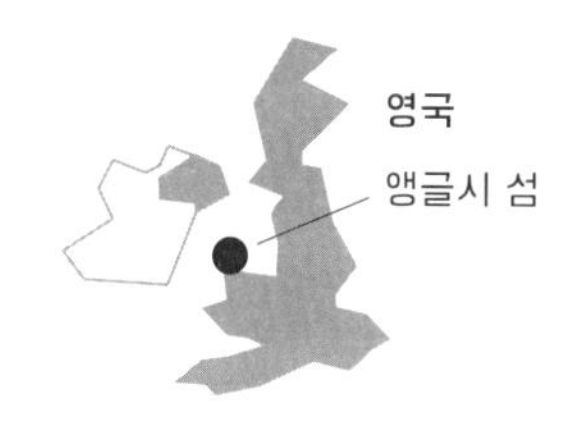

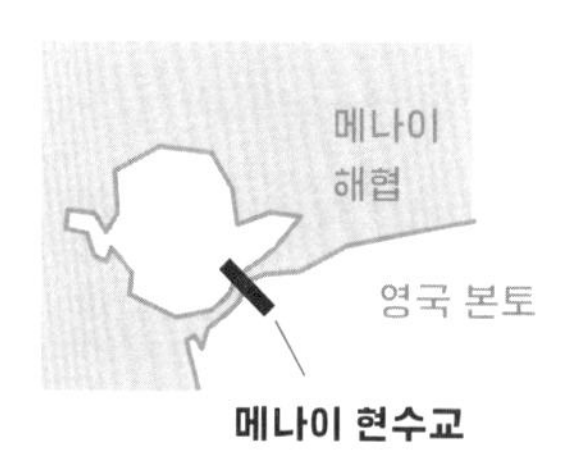

성대한 기념식과 함께 메나이 현수교가 드디어 개통되었다. 세계 최장의 현수교라는 기록과 함께. 런던에서 출발한 우편마차가 이날 역사상 처음으로 바다 위를 직접 연결한 다리 위를 달렸다. 이 다리의 건설로 인해 런던과 홀리헤드 간 여행 시간은 36시간에서 27시간으로 단축되었다.

영국의 화가 노만 윌킨슨 Norman Wilkinson (1878~1971)의 〈메나이 현수교〉다. 런던-미드랜드-스코틀랜드(LMS) 철도회사의 광고 포스터를 위해 그린 작품으로 메나이 현수교를 단순화하여 그린 유화지만 일본의 우키요에 판화를 빼닮았다.

윌킨슨은 화가로서 대가의 반열에 들지는 못했다. 주로 바다의 풍경을 수채화나 유화 또는 판화로 많이 남겼는데, 특히 제1차 세계대전 중 전함의 외부에 칠하는 위장색을 고안하여 영국 해군의 작전 수행에 일조하기도 했다.

토목공학도라면 누구나 잘 알고 있을 메나이 현수교는 영국 토목공학의 거장 텔포드가 건설한 다리로 당시 세계에서 경간이 가장 길었던 기념비적인 다리다. 토목공학의 위대한 유산 중 하나로 손색이 없는 구조물이다.

메나이 만에 다리를 건설하라

오랜 세월 동안 영국 본토에서 웨일스의 앵글시 Anglesey 섬으로 여행하는 것은 매우 위험한 일이었다. 페리선을 이용해 메나이 만을 건너야 했는데 바람이 강하고 해류가 변덕스러워 배가 뒤집히거나 암초에 부딪혀 목숨을 앗아가기 일쑤였다.

1785년 메나이 역사상 가장 참혹한 사건이 일어난다. 55명을 태운 선박이 메나이 만의 남쪽에서 모래 암초에 부딪치고 만다. 구조선이 도착했지만 강한 바람과 어둠으로 속수무책이었다. 밤이 되자 밀물이 밀려와 암초에 있던 사람들이 바닷물 속으로 쓸려가 버리고 단 한 사람만이 구조된다. 이 사건은 메나이 만을 건너는 방식에 대해 심각하게 대안을 고려하는 계기가 된다.

1800년 아일랜드가 영국에 합병되고 나자 앵글시로의 교통량이 급증한다. 앵글시 섬의 서쪽 끝 홀리헤드에서 아일랜드로 가는 배를 타기 위해 런던에서 길고도 험한 여행을 마친 여행객들은 다시금 위험한 메나이 만을 건너야 했다. 이러한 상황을 획기적으로 개선하기 위한 중책을 텔포드가 맡게 되고 다리 건설을 포함해 런던-더블린 간 도로 건설 계획이 세워진다. 이때가 1810년, 그리고 텔포드의 메나이 다리 설계안이 의회를 통과한 것은 1817년의 일이다.[1]

아치교가 될 뻔했던 현수교

대형 돛을 단 선박의 통행을 위해 교량 하부에 최소 30m 이상의 공간이 확보되어야만 했으므로 텔포드는 처음엔 주철 아치교를 계획했다. 그러나 아치를 쌓기 위해 설치하는 임시 구조물이 선박의 통행을 제한하기 때문에 텔포드는 설계안을 변경했다. 두 개의 주탑 사이로 176m의 상판을 체인으로 연결한 케이블이 지지하는 현수교였다. 이미 소규모 체인 현수교를 건설한 경험이 있었지만 이 다리의 스케일은 당시로서는 상상을 초월한 것이었다. 페리선 운영 회사들의 극심한 반대를 무릅쓰고 1819년 드디어 다리 공사가 시작되었다.

석회암을 사용한 주탑은 1824년에 완성되었다. 이제는 주탑 위로 체인 케이블을 설치해야 하는데 이런 규모의 체인 케이블 시공은 유래가 없는 기념비적인 공사였다. 당시는 지금과 같은 강선이 개발되기 훨씬 전이었으므로 2.9m 길이의 연철 아이바 eyebar를 연결한 체인을 사용하였다. 아래 사진에서 보듯 네 개의 체인을 한 줄로 사용한 4본 케이블 형식이다. 따라서 16개의 체

4×4 체인 케이블의 모습

인 케이블을 개별적으로 설치해야 했다.

다리 양쪽의 바위에 터널을 뚫어 체인 케이블을 정착시킨 후 체인 케이블을 각각 주탑 위로 끌어올려 케이블의 끝을 수면 위로 내려놓았다. 무려 23.5t에 달하는 중앙 체인 케이블을 뗏목에 실어 주탑 사이로 이동시킨 후 매달린 체인 케이블과 연결했다. 그리고는 사람의 힘으로 체인 케이블을 끌어올렸다. 150명에 달하는 인부들이 고적대와 드럼 밴드의 응원에 맞춰 체인을 끌어올리는 모습은 상상만으로도 흥미진진하다. 이렇게 해서 케이블 한 가닥의 설치가 완성되었다. 나머지 열다섯 개의 체인 케이블도 동일한 방법으로 설치되었다. 그리고 체인 케이블에 철 막대를 매달아 철재 보에 연결하고, 마지막으로 철재 보 위에 나무 상판이 설치되었다.

1826년 1월 30일 성대한 기념식과 함께 '메나이 현수교'가 드디어 개통되었다. 세계 최장의 현수교라는 기록과 함께. 런던에서 출발한 우편마차가 이날 역사상 처음으로 바다 위를 직접 연결한 다리 위를 달렸다. 이 다리의 건설로 인해 런던과 홀리헤드 간 여행 시간은 36시간에서 27시간으로 단축되었다 (현재는 5시간 반이 걸린다).

'도로의 거인' 텔포드

토마스 텔포드 Thomas Telford (1757~1834)는 스코틀랜드 출신의 토목공학자다. 스코틀랜드에서 석공으로 출발한 그는 런던으로 진출하여 건설 공사에 참여하면서 독학으로 토목공학을 깨우쳤다. 그는 쉬롭셔의 도로와 운하 프로젝트를 수행하면서 토목공학자로 명성을 얻은 후 스코틀랜드를 중심으로 많은 사회기반시설을 설계하고 건설했다.

텔포드가 건설한 폰트커설티 Pontcysyllte 운하교도 그중 하나다. 이 다리는 웨일즈의 북동쪽 엘즈미어 운하가 계곡을 지날 수 있도록 건설한 고가교로서 선박의 통행을 위한 다리다. 1805년에 완성된 이 다리는 영국에서 가장 길고(307m) 가장 높은(38m) 운하교다. 19개의 석조 중공형 교각 위에 16m 경간의 주철 아치가 설치되고 그 위에 주철 수로가 놓였다. 기본적인 형태는 로마 시대의 수로교를 연상시키나 조적 기둥에 주철 아치와 수로를 결합한 '하이브리드' 기술로 당시로서는 혁신적 공법이었다. 다리 건설 당시 모두들 불가능하다고 했으나 텔포드는 건설이 성공할 것을 믿었다.

텔포드가 건설한 폰트커설티 운하교. 다리 위로 '배'가 지나고 있다.

어디 그뿐인가. 위의 사진에서 보는 바와 같이 이 다리는 기술적인 혁신성을 떠나 미관이 수려하고 주변 풍광과의 조화도 빼어나다. 텔포드가 진정으로 위대한 점은 그의 공학적 능력뿐 아니라 구조물의 미학에도 탁월한 안목이 있었다는 점일 것이다. 이 프로젝트는 텔포드가 이룩한 위대한 공학의 유산 중 하나다. 이 다리는 결국 2009년 유네스코 세계문화유산으로 등재되기에 이른다.

런던의 한 건축사무소에서 제도사로 일하던 텔포드는 1787년 처음으로 다리를 설계하게 되고 점차 토목 프로젝트에 대한 능력을 인정받기에 이른다. 이 무렵 엘스미어 운하 프로젝트가 계획되면서 그에게 기회가 찾아온다. 운하 프로젝트를 맡아 해보라는 제안을 받은 것이 1793년이다. 그의 소감을 직접 들어보자.[2]

> "주택 건축의 상세 작업보다는 더 중요하고 규모가 큰 일이 내 기질에 더 잘 맞는 것을 느끼고 있었기 때문에 그 제안을 망설임 없이 받아들였다. 그리고 그때부터 나의 관심을 오로지 토목공학에만 쏟아 부었다."

19세기 초반 수많은 도로와 교량 건설에 참여하면서 그는 '도로의 거인'이라는 멋진 별명을 얻게 된다. 참고로 '도로의 거인' 즉 'Collosus of Roads'는 고대 7대 불가사의의 하나인 '로즈의 거인 Collosus of Rhodes'과 발음이 같다. 문학에도 조예가 있어 런던과 에든버러의 왕립협회 회원이기도 했던 그는 당시 설립된 '영국토목학회 Institution of Civil Engineers'의 초대 회장으로 추대되어 생을 마칠 때까지 14년을 회장으로 재임했다.

흥미로운 점은 위대한 토목공학자였던 그도 늘 성공만 누린 것은 아니란 사실이다. 그는 1799년 새 런던브리지의 설계 공모에 출품했지만 그가 제안한 180m 단경간 주철 아치는 비현실적이고 실용적이지 못하다는 이유로 탈락되는 수모를 겪기도 했다. 새 런던브리지는 또 한 사람의 위대한 토목공학자인

레니 John Rennie[3]의 안이 당선되어 다섯 개의 석조 아치로 구성된 전통적인 다리로 건설되었다.

1900년대의 메나이 현수교

세월이 흐르면서 메나이 현수교는 여러 차례 개·보수가 이루어졌고 1893년에는 목재 상판이 강재 상판으로 교체되었다. 근대 차량이 등장하면서 통행 하중이 늘자 1938~40년 사이에는 체인 케이블을 연철에서 강철로 교체하여 재하 능력을 획기적으로 개선하기도 했다. 지난 2005년에는 메나이 현수교가 전면적으로 새 페인트 작업을 받았다. 무려 65년 만의 일이다.

와인에 넣고 끓이다

루이스 캐럴 Lewis Carroll (1832~1898)이 《이상한 나라의 앨리스》의 후속 편으로 발표한 소설 《거울 속으로 Through the Looking-Glass》(1871)의 제8장에는 〈대구의 눈 Haddock's Eyes〉이라는 시가 등장한다. '문에 걸터앉은 노인' 등 여러 이름으로 불리는 시다. 거울 뒤편으로 들어가 모험을 하던 앨리스에게 길에서 만난 엉뚱하고 어설픈 백기사가 읊어주는 노래다. 한 구절을 여기 옮긴다.[4]

"그때 그가 말하는 걸 들었지
막 나의 설계를 마쳤으므로
메나이 다리가 녹슬지 않도록
와인에 넣고 끓여야 한다는"

와인 속에 철의 산화를 방지할 성분이 있는 것일까? 오히려 그 반대가 아닐까 싶다. 공기 중에 방치된 와인이 식초가 되면 철에 슨 녹을 녹여낼 수는 있을 것이나 와인에 넣고 끓인다고 녹이 슬지 않을 리 없다. 이는 아마도 텔포드가 다리를 건설할 당시 체인 케이블이 녹슬지 않도록 따듯한 아마유에 담가서 방식 처리를 한 걸 빗대었을 것이다.

현재의 메나이 현수교

바람이 매서운 바다 한가운데 서 있는 오래된 주철 다리가 녹슬면 어떻게 되겠는가. 당시 사람들이 이 체인 케이블 현수교의 안위에 노심초사했을 것이라는 것을 짐작케 하는 대목이다. 그런 불안한 눈초리에도 불구하고 메나이 현수교는 오늘도 묵묵히 바다 바람을 이겨내며 영국인들의 긍지를 드높이고 있다.

1 Billington, David (1983), The Tower and The Bridge: The New Art of Structural Engineering, Princeton University Press, Princeton, p. 36

2 위의 책 p. 31에서 재인용

3 레니는 영국이 배출한 위대한 교량 공학자 중 한 사람으로 런던의 워털루 다리(1817년 완공)와 새 런던브리지(1831년 완공)를 설계했다.

4 〈대구의 눈〉 영문 전문 http://en.wikipedia.org/wiki/Haddocks'_Eyes

4. 터너와 메이든헤드 철도교

Turner and Maidenhead Railway Bridge

윌리엄 터너 <비, 증기, 그리고 속도-그레이트웨스턴 철도>
1844년, 캔버스에 유채, 91 x 121.8cm
런던국립미술관

브루넬은 템스강 위에 세 개의 다리를 건설했는데 메이든헤드 다리는 그중에서도 단연 으뜸이다. 이 다리는 설계의 대담성과 혁신성뿐만 아니라 형태의 우아함으로도 교량 공학의 귀감이 된다. 당시 조용한 전원을 종횡무진 뻗어나가던 철도의 건설도 이렇게 경관을 고려한 우아한 구조물 덕분에 큰 저항 없이 받아들여졌던 것은 아니었을까?

영국의 위대한 낭만주의 화가 터너가 1844년 런던 왕립 아카데미에 전시한 〈비, 증기, 그리고 속도-그레이트웨스턴 철도〉라는 작품으로 빗속에 다리 위를 질주하는 기차를 그렸다. 그림의 관점은 런던을 향한 동쪽을 바라보고 있다. 따라서 런던에서 출발한 기차가 서쪽을 향해 다리를 통과하는 순간이다. 위스키 병 모양의 기관차가 증기를 뿜어내며 달리고 있는 다리는 새로 건설된 메이든헤드 철도교다. 검붉은 다리 아래로 둥근 아치가 보인다. 그림의 왼쪽에 희미하게 보이는 또 하나의 아치교는 메이든헤드 도로교다. 철도교보다 60여 년 앞서 건설된 다리로 작은 원형 아치가 여러 개 연결된 소위 '구식' 다리다. 두 다리 사이의 강에는 배 한 척이 떠 있고 근처 보트 클럽의 회원들로 보이는 사람들이 강변에 서서 기차를 쳐다보고 있다. 이 도로교는 원래 메이든헤드 철도교와 평행인데 이 그림에서는 거의 직각으로 그려져 있다. 이는 철도교를 바라보는 화가의 관점도 작용했겠지만 아마도 기차의 속도감을 표현하기 위해 화가 특유의 상상력을 발휘한 것으로 짐작된다.

이 그림이 보여주고 있는 장소는 여러 통로가 만나는 곳이다. 한강이 대한민국을 상징하듯 템스강은 영국 그 자체다. 아울러 템스강은 산업화에 의한 국력의 젖줄로서 운하와 선박으로 대변되는 초기 교통시설을 상징하고 있다. 그림 한편에 보이는 구식 도로교는 지나간 과거에 대한 감상을 상기시킨다. 기차가 빠른 속도로 질주하는 철도교는 이제 강의 역할이 바뀌었다는 사실을 웅변하고 있다. 그래서 철도가 강을 건너는 행위는 이제 한 시대가 저물고 새로운 시대가 도래했음을 암시하는 것이기도 하다.[1]

그런데 그림의 제목이 걸작이다. '빗속을 달리는 기차'가 아니라 '비, 증기, 그리고 속도'다. 비와 증기는 그렇다 쳐도 속도는 뭔가? 그림의 대상이 어떤 사물이나 풍경이 아니라 숫제 관념인 것이 흥미롭다. 19세기 중반의 그림치고는 상당히 파격적인 제목을 붙여놓았는데, 이는 늘 자연에 대한 경외심을 앞세운 터너다운 천재성이 아니겠는가.

영국이 자랑하는 화가 윌리엄 터너

영국 낭만주의 풍경화의 거장 윌리엄 터너 JMW Turner (1775~1851)는 일찍이 16세에 왕립 미술아카데미 회원이 되었을 정도로 재능 있는 천재 화가이며 유화뿐 아니라 수채화에서도 발군의 실력을 자랑한다. 일찍이 건축에 관심이 있었으나 주변의 권고로 화가의 길에 매진하게 되고 당시 변변치 못하던 풍경화 장르를 역사화에 비견될 정도의 위상을 갖게 하는 데 큰 기여를 한다.

그는 마술사처럼 빛과 색과 분위기를 통해 현실적인 풍경을 초현실적인 드라마로 변화시켜 버린다. '빛의 화가'라고도 불리는 터너는 반세기쯤 뒤에 유행하게 될 인상파의 원조라고 부를 만하다. 인상파 시대를 연 모네가 보불전쟁을 피해 런던에 머무를 때 터너의 그림을 열심히 모사했던 것은 잘 알려진 바다. 이발사였던 터너의 아버지는 아들의 그림을 자랑 삼아 이발소에 걸어 놓았다고 한다. '이발소 그림'에 대한 우리의 생각을 바꿔야 하지 않을까?

앞의 그림으로 돌아가보자. 작품의 제목이 말해주듯 그가 궁극적으로 매료되었던 것은 습기를 머금은 대기와 속도감이고, 열차는 부차적인 것이었다. 터너는 비바람을 뚫고 달려오는 열차의 세부를 생략하고 왼쪽 강 위에 떠 있는 나룻배와 같은 지물은 비교적 정확하게 묘사했다. 그래서 눈앞으로 달려드는 열차와 그 주변의 정지된 장면을 동시에 포착하여 눈의 실제 경험과 유사한 화면을 만들어냈다. 이 그림은 위대한 자연의 힘과 이를 극복하기 위한 인간의 노력이 빚는 팽팽한 갈등과 긴장을 표현하면서 숭고의 감정을 자아내고 있다.[2]

그림의 우측 선로에는 기차에 놀라 뛰쳐나오는 조그만 토끼가 한 마리 그려져 있으니 찾아보기 바란다. 자연의 무한한 에너지에 경외심을 보여 온 터너가 산업혁명과 기술의 무서운 발전 속도에 경계심을 보이는 숨은 메시지일 수도 있겠다.

그레이트웨스턴 철도와 메이든헤드 다리

'그레이트웨스턴 철도 Great Western Railway (GWR)'는 당시 영국의 철도회사 중 하나로 런던-브리스틀 간 철도의 건설과 운영을 맡는다. 미국과의 교역을 위한 최대 무역항으로서 경쟁 도시 리버풀의 부상에 위협을 느낀 브리스틀 상인들의 의지로 생겨난 회사다. 이 회사의 책임기술자는 영국이 낳은 위대한 토목공학자 이점버드 킹덤 브루넬이었다. 그림에 등장하는 다리는 템스강을 가로질러 서부로 가는 길목의 메이든헤드 Maidenhead 철도교로 브루넬이 직접 설계했다. 이 다리가 1839년에 완공되면서 런던 패딩턴 역에서 태플로까지 운행하는 철도가 개통된다.

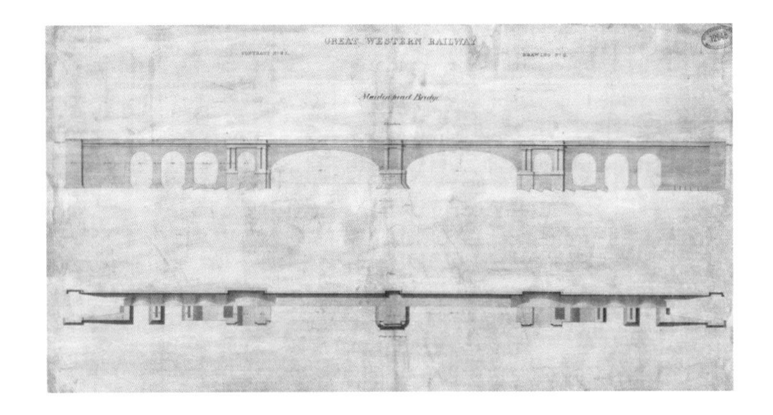

메이든헤드 철도교의 도면

브루넬은 처음엔 세 개의 아치로 구성된 다리를 구상했으나 마음을 바꾸어 아치를 두 개로 줄였다. 다리가 세 개의 아치로 구성될 경우 다리의 중앙이 볼록 솟아오르는 '혹'을 피하기 위한 선택으로 보인다. 도로교는 상관없을지 모르나 철도교의 경우는 이런 경사가 치명적일 수 있기 때문이다. 브루넬은 기차의 편안한 주행을 위해 다리의 경사도까지 고려했으며 다리에서 철로는 1/1320의 경사를 유지한다.

이 다리는 두 개의 우아한 타원형 벽돌 아치로 구성되어 있다. 아치의 경간은 39m지만 높이는 7m에 불과해 당시 세계에서 가장 길고 평평한 아치였다. 아마도 벽돌로 지은 교량으로는 공학적으로나 미학적으로나 가장 훌륭한 구조물일 것이다.

이 평평하고 긴 아치 때문에 회사 측에서는 다리가 철도 하중을 견딜지 의문을 가졌다. 그래서 회사의 이사회는 다리가 완공된 후에도 아치의 목재 가설 구조물을 치우지 말 것을 주문한다.

그러나 브루넬이 누구인가? 자신만만한 브루넬은 가설 구조물의 높이를 살짝 낮춰 구조적인 역할을 할 수 없도록 해버린다. 몇 년 후에 홍수로 가설 구조물은 떠내려가지만 다리는 멀쩡하게 살아남자 이를 몰랐던 회사의 이사들은 가슴을 쓸어내릴 수밖에. 이 다리는 180년이 지난 오늘날도 늠름하게 서 있다.

현재의
메이든헤드 철도교

브루넬은 템스강 위에 세 개의 다리를 건설했는데 메이든헤드 다리는 그중에서도 단연 으뜸이다. 이 다리는 설계의 대담성과 혁신성뿐만 아니라 형태의 우아함으로도 교량 공학의 귀감이 된다. 당시 조용한 전원을 종횡무진 뻗어나가던 철도의 건설도 이렇게 경관을 고려한 우아한 구조물 덕분에 큰 저항 없이 받아들여졌던 것은 아니었을까? 건설 당시 두 개의 브루넬식 광폭 철로가 설치됐던 이 다리는 1890~92년 네 개의 표준형 철로를 위해 확장된다.

철도에 빠진 토목공학자 브루넬

이점버드 킹덤 브루넬 Isambard Kingdom Brunel (1806~1859)은 1806년 영국 포츠머스에서 프랑스 출신의 토목공학자 집안에서 태어났다. 아버지 마크 브루넬은 혁명으로 어지럽던 프랑스를 떠나 뉴욕과 영국에서 활동한 영향력 있는 토목공학자였다 그래서 브루넬은 동시대 대다수의 토목기술자들과 달리 프랑스와 영국에서 정규 교육을 제대로 받았다.

아버지의 사무실에서 실무 훈련을 받던 브루넬은 열여섯 살에 정식 기술자가 되고 스무 살에는 아버지 마크가 설계한 템스강 터널 공사의 수석 엔지니어가 된다. 이 터널은 선박이 운행하는 강바닥 밑을 뚫고 지나는 최초의 터널이기도 했다. 이 획기적인 프로젝트는 아버지 마크가 개발한 터널 자동굴착장비인 '쉴드 Shield'로 인해 가능했다.

1829년 스티븐슨의 증기기관차 '로켓'[3] 으로부터 영감을 얻은 브루넬은 철도의 무한한 가능성을 예견하고 철도에 관심을 갖게 된다. 그래서 1830년 뉴캐슬 앤 칼라일 철도회사에 지원서를 내지만 보기 좋게 낙방하고 만다. 1831년 증기기관차를 처음 타본 브루넬은 철도에 개선될 여지가 많다는 것을 깨닫고는 철도에 빠져들게 된다.

1833년 '클리프턴 현수교'[4] 프로젝트를 수행하던 중 브루넬은 친구의 추천으로 새로 생긴 철도회사에 서베이어로 취직하게 되고 2년 후 29세의 나이로 수석 엔지니어가 된다. 런던과 브리스틀 간 철도 건설을 맡은 이 회사는 '그레이트웨스턴 철도 GWR'가 되는데 이 회사명도 브루넬이 작명한 것이다. 철도 노선을 위해 전 구간을 브루넬 자신이 직접 측량했으며 이 프로젝트로 인해 브루넬은 토목 기술의 거인으로 후세에 잘 알려지게 된다.

1930년경
그레이트웨스턴 철도의
노선도

이용자들에게 최상의 경험을 선사하고자 각고의 노력을 기울인 브루넬 덕분에 GWR은 God's Wonderful Railway라고 불리기도 했다는데, 1841년 개통 당시 275km에 불과했던 노선이 1924년경에는 노선도에서 보는 바와 같이 무려 6,111km로 늘어난다.

사진은 선박용 체인 앞에서 포즈를 취하고 있는 브루넬이다. 평생 줄담배를 피웠던 브루넬이 시가를 물고 주머니에 손을 집어넣고 있는 모습에 공학자로서의 자신감이 묻어 나온다. 옷은 공사 현장을 전전한 듯 흙이 묻고 남루해 보이지만 옷을 차려입고 높은 모자를 쓰고 있는 모습이 재미있다. 실용주의적인 영국인의 특성상 흙밭을 마다하지 않았지만 엔지니어는 어엿한 신사였다!

선박용 체인 앞에서 포즈를 취하고 있는 브루넬

디자인적 사고에 능한 혁신가

세계적인 아이디어 제국 IDEO의 CEO 팀 브라운이 쓴《디자인에 집중하라》에서 저자는 서문을 다음과 같이 시작하고 있다.[5]

> "잉글랜드 땅을 밟아본 대다수의 방문객들은 빅토리아 시대의 위대한 엔지니어 이점버드 킹덤 브루넬이 남긴 그레이트웨스턴 철도를 직간접으로 접해보았을 것이다."

그리고는 그레이트웨스턴 철도를 건설한 브루넬의 디자인적 사고에 대해 한

동안 찬사를 늘어놓은 뒤 다음과 같은 이야기를 덧붙인다.

> "그가 주도했던 다수의 위대한 프로젝트를 보노라면 하나하나 빠짐없이 기술적, 상업적 그리고 인간적인 균형을 절묘하게 조화시키고 있다는 사실을 알 수 있다. 게다가 미래의 흐름을 내다보는 선견지명의 혜안까지 갖췄다. 브루넬은 단순히 위대한 엔지니어, 걸출한 재능을 자랑하는 엔지니어가 아니라, 디자인적 사고에 능한 진정한 혁신가, 다시 말해 선구자적 '디노베이터 d-innovator'였던 것이다."

저자 팀 브라운은 IDEO를 오늘날 세계적인 컨설팅 기업으로 성장시킨 장본인이다. 그러나 그는 엔지니어가 아니라 산업 디자이너일 뿐이다. 그런 그가 토목공학자 브루넬을 이렇게 '디자인적 혁신가'의 귀감으로 삼고 있는 것이 매우 의미심장하게 들린다.

프린스턴의 빌링턴 교수는 그의 저서 《타워와 다리》에서 다빈치에 비견되는 '르네상스 맨'이었던 브루넬을 단순한 '공학자'가 아닌 천재 "공학 예술가 Engineering Artist"라 칭한 바 있다.[6]

훌륭한 토목공학자였던 아버지에게 토목공학을 배운 이점버드 킹덤 브루넬은 아버지를 뛰어넘어 영국이 배출한 가장 위대한 토목공학자가 된다. 그뿐인가? 2002년에 영국 BBC 방송이 실시한 "100인의 위대한 영국인" 설문조사에서 브루넬은 윈스턴 처칠 다음으로 2등을 차지한다. 다윈, 셰익스피어, 뉴턴 등 기라성 같은 거인들을 누르고 2등을 차지한 것은 브루넬 대학 학생들의 전폭적인 성원을 감안하더라도 엄청난 그의 인기와 위상을 짐작케 하는 대목이다.

2006년 발행된
브루넬 탄생 200주년
기념 우표

2006년 그의 탄생 200주년을 기념하여 주화와 우표가 발행되었고, 2012년 런던 올림픽 개막식에서 위대한 산업혁명의 영웅으로 부각되기도 했다. '삽질'로 내몰리는 우리 대한민국의 토목인에게 언감생심 언제 그런 어마어마한 행운이 있을까 싶다.

1 Peter Bishop, Bridge, Reaktion Books Ltd. London, 2008

2 우정아, 《명작, 역사를 만나다》, 아트북스, 2012

3 1829년 스티븐슨이 제작한 초기 증기기관차의 모델명이다. 최초의 도시 간 철도인 리버풀-맨체스터 선의 기관차 선정을 위한 기술 공모전 '레인힐 경주'에서 우승했다. 당시 최고 성능을 갖는 혁신적인 기관차로 이후 150년간 개발되는 대부분 증기기관차의 전형이 된다.

4 브리스톨 근처 에이번 계곡을 가로지르는 현수교로 설계 공모를 통해 약관 24세이던 브루넬의 설계안이 채택되었다. 브루넬의 감독하에 1831년 공사가 시작되었으나 브루넬 사후 1864년에야 완공되었다. 아이바 체인 케이블 형식의 현수교로 당시 최대 경간 기록을 세웠으며 교량사의 기념비적인 다리 중 하나다.

5 팀 브라운, 《디자인에 집중하라》, 고성연 옮김, 김영사, 2011

6 David Billington, The Tower and the Bridge: The New Art of Structural Engineering, Princeton University Press, 1983.

5. 스캇과 웨스트민스터 다리

Scott and Westminster Bridge

사무엘 스캇 <웨스트민스터 다리의 아치>
1750년, 캔버스에 유채, 135.5 x 164cm
런던 테이트 미술관

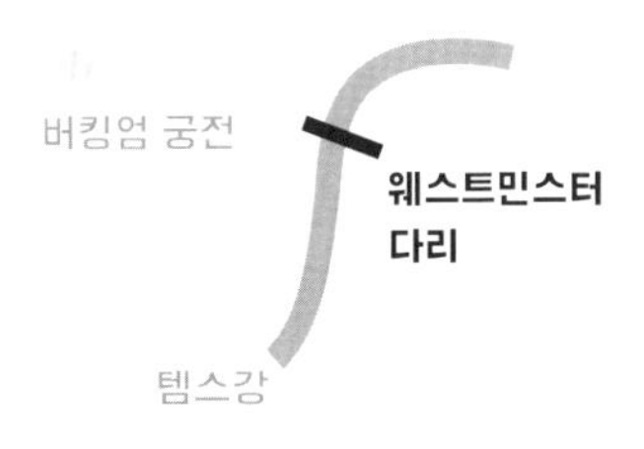

스위스 출신의 젊은 기술자 래블리가 건설한 이 다리는 처음부터 끝까지 말썽도 많고 사연도 많았지만 우여곡절 끝에 1750년 개통된다. 그러나 아름다운 새 다리에 대한 환호성이 채 가시기도 전에 다리에는 여러 가지 문제가 발생한다. 혁신적인 케이슨 공법을 이용한 교각 기초의 침하가 원인이었다.

영국의 풍경화가 사무엘 스캇이 그린 〈웨스터민스터 다리의 아치〉라는 작품이다. 이 그림은 완공이 임박한 웨스트민스터 다리와 아치를 통해 보이는 템스강의 풍경을 담았다. 다리의 15개 아치 중 서쪽 두 번째와 세 번째 아치를 남쪽에서 런던 중심 쪽을 보고 그린 것이다. 아치를 통해 수산시장 부두를 시작으로 여러 건물들이 보이고 멀리 요크 건물의 물 저장탑도 보인다. 아치 주변으로 몇몇 배들이 떠 있고 교각 앞에는 두 사람이 강에서 헤엄을 치고 있다. 다리 난간에서 강을 내다보고 있는 사람들도 보인다. 두 아치 사이의 교각 위에 엉성하게 설치된 작업대에서는 두 명의 석공들이 대피소 돔 지붕의 작업을 마무리한 후 맥주를 나눠 마시고 있다. 18세기 중반의 그림치고는 구도가 제법 혁신적이다.

영국의 카날레토

사무엘 스캇 Samuel Scott (1702~1772)은 런던에서 태어났다. 그림을 어디서 누구에게 배웠는지는 분명치 않으나 바다 풍경화가로 시작하여 전투 중인 군함이나 바다 위에 떠 있는 선박 등을 많이 그렸다. 수채화에도 상당한 실력이 있었으나 주요 작품은 주로 유화로 남아 있다.

1740년대에 이르러서는 런던교를 비롯한 도시 풍경을 주로 화폭에 담는다. 베니스 최고의 풍경화가 카날레토[1]가 런던에 도착한 것이 1746년이고, 그 이후 도시의 풍경 그림이 유행하게 되면서 스캇은 자신의 스케치들을 유화로 옮기는 작업을 하게 된다. 카날레토의 영향을 받은 듯 스캇도 그림 속에 갖가지 동작을 취하고 있는 인물들을 그려 넣는다. 그는 특히 템스강 주변의 풍경을 많이 남겼는데 그래서인지 '영국의 카날레토'라는 별명을 얻기도 했다.

"바보들의 다리"

런던의 웨스트민스터 지역은 11세기부터 잉글랜드 그리고 후에는 영국 정부의 중심이었다. 이곳에 1750년까지 다리가 없었다는 것이 오히려 이상할 정도다. 600년 이상 런던 시내의 템스강에는 런던브리지가 유일한 다리였다.

런던이 서쪽으로 확장해가자 다리의 필요성이 제기된다. 웨스트민스터 다리의 건설은 이미 1664년부터 제안되었으나 배의 운영권을 갖고 있던 런던시와 뱃사람들의 반대가 심해 성사되지 못하다가 1736년에 들어서야 의회와 왕실의 승인이 난다. 민간 투자로 다리를 건설하기로 결정한 것까지는 괜찮은데 재정 조달이 문제였다.

교량 회사를 설립해서 투자금을 조성하고 다리 통행료를 받아 투자금을 회수하는 방법이 당시의 일반적인 관례였으나, 어찌된 일인지 이 방법을 마다하고 복권 사업으로 자금을 조달하기로 한다. 복권은 당시 크게 유행하고 있었으나 관리가 엉망이고 사기에 연루되기도 하면서 자주 물의를 빚었다. 복권 사업 자체가 비윤리적이며 사회에 독이 된다고 생각하는 사람이 많았기에 이 결정은 상당한 파장을 몰고 왔다. 당시 저명한 극작가이자 런던시의 재판소장이기도 했던 필딩 Henry Fielding 경 같은 이는 이 다리를 "바보들의 다리"라고 부르기까지 한다.[2] 이 별명은 나중에 다리에 문제가 생기면서 개통이 지연되자 더욱 악명을 떨친다.

엔지니어 래블리의 실수

다리 설계를 젊은 스위스 출신 엔지니어 래블리 Charles Labelye에게 맡긴 것부터 논란이 많았다. 교각의 건설을 위해 케이슨 caisson을 사용하기로 한 래블리의 혁신적인 방법은 결국 문제를 일으키고 만다. 나무 말뚝을 강바닥에 근입하여 가물막이 cofferdam를 만드는 전통적인 방법이 아니라 강변에서 거대한 선박 모양의 목재 케이슨을 제작한 뒤 물에 띄워 교각의 위치로 옮겨 기초를 만드는 공법이다.

불행히도 래블리는 이 과정에서 중대한 실수를 하나 하게 된다. 하상의 지반이 단단한 자갈로 되어 있을 거라 예상했는데 실제로는 진흙임이 밝혀지자, 그는 말뚝을 사용하지 않고 케이슨을 진흙 속으로 1~2m 정도 가라앉히면 될 것이라고 판단해버린 것이다.

사무엘 스캇
〈웨스트민스터 다리의 건설〉
1742년경, 캔버스에 유채
68.6×119.4cm, 예일대 미술관

위의 그림도 역시 스캇이 그린 그림으로 1740년 경 다리가 건설되고 있는 모습이다. 강 한복판에서 아치가 시작되어 양편으로 진행하고 있는 광경이다. 강 오른편에 웨스트민스터 사원이 보인다. 그리고 다음 그림은 다리 중앙 경간의 아치 상세 도면이다.[3] 반원형 아치를 위한 홍예틀의 모습을 보여주고 있다. 교각의 받침부에는 V자형의 물가름이 있고 교각 위로는 보행자가 피할 수 있는 돔 형태의 작은 탑이 설치되어 있는 것을 볼 수 있다.

그럭저럭 공사가 진행되어 1742년 여름 네 개의 중앙 아치가 완성되고 1744년 봄에는 모든 교각과 교대가 완성된다. 드디어 1746년 10월 펨브로크 백작

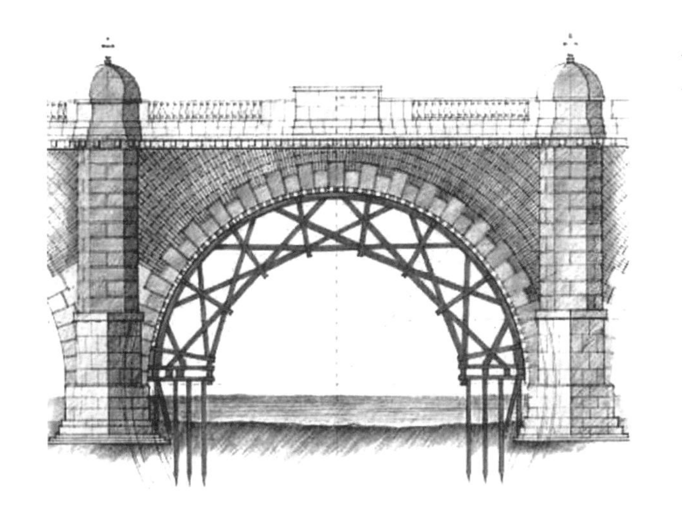
중앙 아치의
상세 도면

이 마지막 돌을 놓음으로써 교량 공사가 마무리되는 듯했다. 그러나 바로 이듬해에 교각 기초 중 하나가 과도한 침하를 하게 되고 이 교각으로 지지되는 아치에서 커다란 석재가 떨어져 나가버린다. 곧 다리 전제가 붕괴될 것이라는 위험론이 확산되자 문제의 교각과 양 옆의 아치를 제거하고 기초를 재시공하게 된다.

이런저런 곡절을 겪은 웨스트민스터 다리는 결국 4년 후인 1750년 11월 18일에 개통된다. 작자 미상인 이 그림은 개통된 직후의 다리 모습이다. 다리는

개통 직후의
웨스트민스터 다리
(작자 미상, 1750년경)

총 15개의 아치(양편의 작은 진입 아치 2개 포함)로 구성되어 있으나 그림에선 무슨 영문인지 12개의 아치만을 보여주고 있다. 그러나 다리의 전체적인 모습뿐 아니라 아치들 각각의 형태까지 정확하게 묘사되어 있는 점이 놀랍다.

워즈워스의 다리

1802년 어느 날 계관시인 워즈워스 William Wordsworth (1770~1850)는 여동생과 함께 마차를 타고 이 다리를 지나게 된다. 그의 눈에 비친 이른 아침의 템스강과 런던의 풍광은 그에게 강한 인상을 주었고 그는 이를 바탕으로 시 한 편을 남긴다. 〈1802년 9월 3일, 웨스터민스터 다리 위에서 지음〉이라는 소네트로 워즈워스가 1807년에 출간한 《두 권의 시》라는 시집에 실린다.

> 대지라도 더 아름다운 것은 보이지 못하리!
> 영혼이 둔한 자만이 건성으로 지나치리라
> 이렇게 장엄하여 가슴 설레게 하는 광경을.
> 이 도시는 이제 겉옷처럼 입고 있구나
> 아침의 아름다움을. 고요하고, 맨몸인,
> 배도, 탑도, 둥근 지붕도, 극장도, 사원도
> 들판으로 하늘로 활짝 열려
> 연기 없는 대기에 모두 밝게 빛나고 있도다.
> 태양도 이보다 더 아름답게 적셔낸 적 없으리
> 첫 찬란함으로 골짜기와 바위와 언덕을.
> 나 이렇게 깊은 정적을 본 적도 느낀 적도 없나니!

강은 제 스스로의 달콤한 의지대로 흐르고

오! 집들은 모두 잠들어 있는 듯

저 위대한 심장도 꼼짝 않고 누워 있도다!

– 윌리엄 워즈워스 〈1802년 9월 3일, 웨스트민스터 다리 위에서 지음〉[4]

전원 풍경 특히 자연과 인간의 관계를 주제로 한 시를 많이 남긴 그가 여기서는 도시의 풍경을 주제로 삼고 있다는 것이 다소 의외다. 더구나 그 어떤 낭만적인 시인도 이처럼 인공적인 구조물 위에서 맞이한 도시의 경관을 자연보다 더 아름다운 것으로 칭송한 적은 결코 없었다.

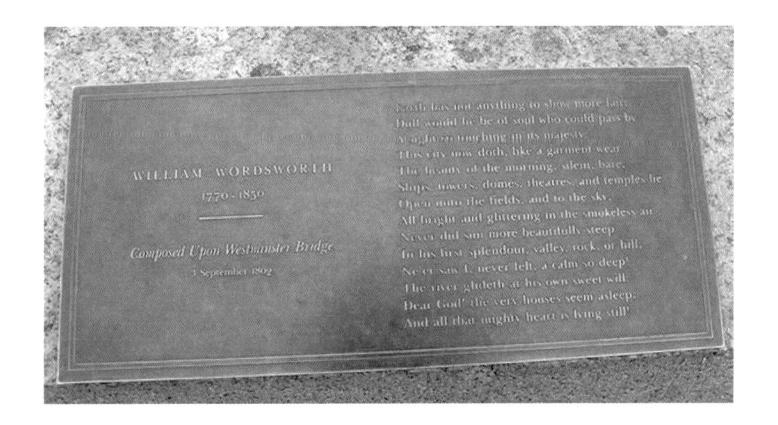

현재의 웨스트민스터 다리 입구에 붙어 있는 시 기념패

마지막 행의 "위대한 심장"은 수도 런던을 지칭하는 것이다. 시의 제목에는 날짜가 9월 3일로 되어 있지만 실제로 그가 다리를 지난 것은 7월 31일이었다. 사진에서 보는 바와 같이 이 시는 현재의 웨스트민스터 다리 서쪽 끝에 동판으로 새겨져 붙어 있다.

웨스트민스터 다리의 위기

개통 후 9년이 지난 1759년, 웨스트민스터 다리 상류에 있는 런던브리지에 일대 변화가 생긴다. 중앙 부분의 아치 두 개를 헐어내고 한 개의 큰 아치로 교체한 것이다. 물의 흐름과 선박의 통행을 원활하게 하기 위한 조치였으나, 이로 인해 물살이 세지면서 가까이 있던 웨스트민스터 다리 교각의 세굴 scour 이 심해진다. 그럭저럭 보수 보강을 하며 세월을 버티는데 1831년 런던브리지가 드디어 철거되기에 이른다.

런던브리지의 철거로 수량이 급증하자 가뜩이나 웨스트민스터 다리에 들어가는 보수 비용으로 골머리를 앓던 런던시는 이제 다리의 안전이 무엇보다 시급한 걱정거리가 된다. 이에 존 레니, 토마스 텔포드 등 당대의 내로라하는 토목공학자들이 다리를 진단하고 보고서를 제출한다. 이들은 이구동성으로 래블리의 실수로 인한 교각의 기초에 문제의 원인이 있다고 단정한다. 그러자 여기저기서 교각의 침하를 멈추기 위한 다양한 안들이 제시된다. 그중에는 세굴을 멈추기 위해 강바닥을 포장해야 한다는 다소 황당한 주장도 있었다.

"안전하기엔 너무 낡고, 아름답기엔 너무 젊고"

1843년 침하가 심한 교각과 군데군데 약해진 석공을 보강한다. 다리의 무게를 줄이기 위해 다리에 설치된 탑을 철거하고 난간을 낮추기도 하지만 다리는 여전히 위태롭기 짝이 없다.

1846년 의회 특별위원회는 드디어 다리를 새로 건설할 것을 건의한다. 그러나 다리의 형식이나 위치 등에 대한 이런저런 논란으로 몇 년을 허송세월하는 사이 다리의 형편은 더 나빠지고 누더기처럼 보수만 계속할 뿐이었다. 걸핏하면 길을 막고 보수 공사를 하는 바람에 주변 상인들의 불만은 극에 달했으며 다리는 어느덧 런던시의 조롱거리로 전락하고 만다. 당시 〈타임스 The Times〉에는 이러한 논설이 실렸다.[5]

> "한 세기가 지난 폐허, 안전하기엔 너무 낡고, 아름답기엔 너무 젊고, 언제라도 강바닥으로 무너져 내리려고 위협하고 있는 다리다."

1852년 의회는 드디어 다리의 건설을 승인한다. 기존 다리를 임시 교량으로 활용하고 다리에 인접한 하류 쪽에 새 다리를 건설하라는 것이었다. 그리고 석재 교각과 칠제 아치를 사용하여 다리를 건설하되 아치의 개수는 다섯 개 이내로 할 것 등을 특정해서 승인을 한다.

새 웨스트민스터 다리의 건설

1853년 런던시 공공시설 담당관실에 권리가 이양되고 책임기술자 페이지 Thomas Page가 설계를 맡는다. 다리의 위치는 원안인 하류 쪽이 아니라 상류 쪽으로, 아치의 숫자는 원안인 5개가 아닌 7개로 변경된다. 그러나 26m나 되는 경간은 이전 경간의 두 배에 가까운 것이고 수상 교통에 비해 육상 교통량이 많이 늘어나는 추세였으므로 여러 가지 반론에도 불구하고 이듬해 공사가 시작된다.

페이지는 길이 252m인 연속 아치교의 교각 기초를 튼튼히 하기 위해 느릅나무 말뚝을 사용하고 철판과 콘크리트를 사용하여 보강한다. 그리고 벽돌을 쌓아 세운 교각의 표면은 화강암으로 마감한다. 아치는 주철 부재로 제작되는데 보다 높은 강도가 요구되는 아치의 두부에는 연철이 사용되기도 한다. 원래는 두부가 뾰족한 아치를 고려했으나 최종 설계는 훨씬 낮은 타원형 아치로 바꾸게 된다.

현재의
웨스트민스터 다리

다리의 경관을 화재로 새로이 건설된 국회의사당 건물과 조화시키기 위해 의사당을 설계한 베리 Charles Barry를 자문위원으로 위촉하여 주철 난간과 스팬드럴 spandrel 등 다리의 디테일을 고딕 스타일로 장식하고 영국 의회의 문양을 활용하기도 한다. 이 다리가 현재의 웨스트민스터 다리이고 런던 시내 중심에서는 런던브리지 다음으로 오래된 다리다.

다리의 혁신, 그리고 개통

이 다리의 건설에는 몇 가지 기술 혁신이 동반되었다. 전기와 가스를 사용하여 불을 밝힌 점, 교각 기초의 건설에 잠수부를 활용했다는 점 등 여러 가지가 있었으나 무엇보다도 획기적인 것은 임시 교량의 설치 비용을 절약하기 위해 새 다리 건설이 두 단계로 나누어 이루어진 점이다. 기존 다리를 임시 교량으로 활용하면서 상류 측 다리 반쪽을 먼저 건설했다. 다리의 반이 완성되자 기존 다리를 헐어버리고 다리 반쪽을 임시 교량으로 사용하면서 하류 측 나머지 다리 반쪽을 건설한 것이다. 이러한 교량 건설 사례는 그 이전에는 없던 혁신적인 것이었다.

공식적인 다리의 개통은 빅토리아 여왕의 생일 생시에 맞춰 1862년 5월 24일 오전 3시 45분에 거행된다. 원래는 여왕이 직접 개통하기로 되어 있었으나 참석하지 않는다. 바로 전 해에 남편 앨버트 공이 갑자기 세상을 뜨는 바람에 슬픔에 잠긴 여왕이 바깥출입을 뚝 끊어버리게 되자 의식을 조촐하게 치른 것이다. 새벽 3시 45분 정각, 25발의 총성이 런던의 하늘을 가르고 다리 입구의 바리케이드가 치워진다. 이 날은 여왕의 즉위 25주년 기념일이기도 했다.

1 카날레토(1697~1768)는 당대 베니스 최고의 베두타 화가였다. 베두타 Veduta는 정밀 풍경화로 관광객들의 인기 여행 기념품이었다. 전쟁으로 베니스를 찾는 관광객이 뜸해지자 그는 활동 무대를 영국으로 옮긴다.

2 Brian Cookson, "Westminster Bridge," London Historians, October 2010.

3 David J. Brown, Bridges: Three Thousand Years of Defying Nature, Mitchell Beazley, London, 1996

4 몇 가지 번역본을 참고하여 원문에 충실하도록 수정했다.

5 http://www.skydive.ru/en/londons-bridges/327-westminster-bridge-part-five.html

6. 컨스터블과 워털루 다리

Constable and Waterloo Bridge

존 컨스터블 <워털루 다리의 개통>
1819년, 캔버스에 유채, 130.8 x 218cm
런던 테이트 미술관

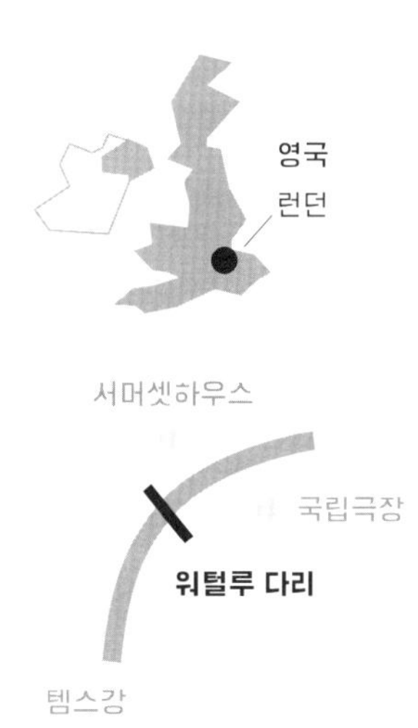

다리는 때로 국민들의 자긍심을 드높여주는 상징물이 되기도 한다. 베니스의 저명한 조각가인 카노바는 워털루 다리를 "유럽 최고의 다리"라고 치켜세우면서 "이 다리 하나만으로도 로마에서 여행을 올 만한 가치가 있다"고 말하기도 했다.

영국의 낭만파 풍경화가 존 컨스터블 John Constable (1776~1837)이 그린 〈워털루 다리의 개통〉이라는 작품이다. 1817년 6월 18일 워털루 전승기념일에 맞춰 성대히 열린 다리의 개통식을 기념하는 작품이다. 템스 강변 영국 왕실 행정부가 있는 화이트홀 계단에서 바라본 강의 풍경이다.

컨스터블은 다리가 개통되는 해인 1817년 고향 서퍽을 떠나 런던으로 옮겨갔으니 분명 이 광경을 목격했을 것이다. 열렬한 왕실주의자이기도 했던 그는 이 역사적 사건을 그려 후세에 남기고 싶었을 것이다. 개통식보다 2년 후인 1819년에 시작한 이 그림은 1832년이 되어서야 왕립 미술 아카데미에 전시됐

으니 그림을 완성하는 데 10년이 넘게 걸린 셈이다. 길이가 2m가 넘는 이 그림은 그가 그린 전시 작품으로는 가장 큰 것이기도 하다.

이 그림에는 화이트홀 부두에 군인들이 도열해 있고 누군가를 태우고 있는 왕실 선박이 보인다. 그림의 오른쪽 끝에는 위풍당당한 런던 시장의 배가 있고 뱃머리에 달린 커다란 깃발 너머로 멀리 새로 개통된 워털루 다리가 보인다. 다리 너머로 세인트폴 대성당의 돔이 보인다. 다리 왼쪽 너머로 보이는 서머셋하우스는 왕립 아카데미로 이 그림이 1832년에 전시된 곳이다.

관찰자의 시각은 화면에서 일어나는 주요 사건과 일정한 거리를 두고 있는 듯 템스강과 광대한 하늘이 강조되고 있다. 높게 위치한 화가의 시각과 어둡게 처리된 전면으로 인해 감상자의 시선을 자연스럽게 다리와 구름으로 이끌고 있다. 그러나 다리는 멀리 아스라이 보일 뿐 구조물로서 특별히 강조되지는 않았다. 다리의 중앙에서 내뿜는 축포의 연기가 없었다면 이 다리가 오늘 개통된 주인공이라는 사실을 알기 어려울 정도다. 항아리로 장식되어 있는 전면의 발코니 주변에는 두 명의 소년이 주위에서 일어나고 있는 사건에 무심한 듯 무엇인가 자기들만의 놀이에 열중하고 있다.

풍경화가 존 컨스터블

컨스터블은 1803년 자신의 첫 유화 작품을 왕립 아카데미에 선보이지만 큰 반향을 얻지 못했다. 그러다가 1819년경 거대한 풍경화 연작을 그리기 시작한다. 1821년에 런던의 왕립 아카데미에서 발표했던 그의 작품 〈건초마차〉

가 1824년 파리 살롱 전시를 통해 큰 성공을 거두면서 그의 걸작으로 자리매김한다. 현실적 풍경화에 대한 인기가 높지 않았던 조국에서는 외면 받던 그의 풍경화가 프랑스에서 인정을 받은 것이다. 특히 잎사귀 하나하나가 눈부신 햇살을 가득 담아내는 다양한 초록색의 향연은 프랑스 화가들에게 큰 영향을 미쳤다. 변화무쌍한 빛과 대기의 색채에 민감했던 파리의 인상주의 화가들이 그의 그림에 열광한 것은 어쩌면 당연한 것이었다.

존 컨스터블 〈건초마차〉
1821년, 캔버스에 유채
130×185cm
런던국립미술관

그는 생전에 그림을 많이 팔지 못했으며 그나마 팔린 그림도 대부분 프랑스 고객들이 구입한 것이었다. 그러나 컨스터블은 프랑스의 간청에도 불구하고 단 한 번도 프랑스를 방문하지 않았다고 한다. "외국에서 부자로 사느니, 영국에서 가난하게 살겠다"고 선언할 만큼 조국을 사랑했다. 그의 나이 52세인 1829년이 되어서야 왕립 아카데미의 회원이 된다.

컨스터블은 동시대의 경쟁자였던 윌리엄 터너와 함께 영국을 대표하는 풍경화가다. 터너가 어린 시절 일찌감치 이름을 날린 것에 비하면 컨스터블은 오랜 시간이 지난 뒤에야 인정받을 수 있었다. 터너가 광대한 자연의 숭고함을 드라마틱한 화폭에 담아 보는 이들을 감동시켰다면, 컨스터블은 평범하고 자질구레한 일상을 시골 마을의 소박한 풍경에 담아내었다. 과장되거나 미화되지 않은 평온한 전원의 풍경이야말로 컨스터블이 추구하는 이상향이었다.

원래 이름은 '스트랜드 다리'

스코틀랜드 출신의 저명한 토목공학자 존 레니 John Rennie (1762~1821)가 설계한 이 다리는 '스트랜드 교량 회사'에 의해 1811년에 공사가 시작되어 1817년 유료 교량으로 개통된다. 스트랜드라는 이름은 이 다리가 연결되는 거리의 이름으로 다리가 개통되기 전까지 사용된다. 이 다리는 길이가 36.6m인 9개의 화강암 아치로 구성되었으며, 아치 사이는 두 개의 도리아식 기둥으로 장식된다. 양측 진입로를 포함하여 총 길이는 750m가량 된다. 이 다리는 오랜 세월이 지난 후인 1878년에 국유화되면서 시 건설국이 다리를 접수하고 통행료를 철회하게 된다.

작자 미상의 다음 그림도 워털루 다리의 개통을 그린 작품이다. 아치 사이를 장식한 두 개의 석조 기둥이 잘 드러나 있다. 석조 기둥 위로 다리 난간에 커

작자 미상.
워털루 다리의
개통을 그렸다.

다란 깃발이 내 걸려 있다. 워털루 다리 너머로 블랙프라이어스 다리와 그 왼편에 세인트폴 대성당이 보인다. 역사적인 광경을 목도하기 위해 다리 위에도 강변에도 사람들로 가득하다. 전면의 큰 선박 위에도 사람들이 빽빽이 들어차 서 있다. 다리 개통을 축하하기 위해 강에는 크고 작은 수많은 선박들이 모여들어 장관을 이루고 있다. 컨스터블의 작품처럼 다리 중앙에서 축포가 터지고 있다.

위대한 기술자 레니

다음 판화는 당시 다리의 아치가 시공되고 있는 과정을 정밀하게 보여주고 있다. 그림에서 아치 사이를 장식한 두 개의 도리아식 기둥을 잘 볼 수 있다. 품위 있는 워털루 다리의 미관은 상당 부분이 도리아식 기둥 덕분인 듯하다. 레니는 석재와 함께 주철 기술을 결합하여 당시로서는 획기적으로 낮고 넓

〈스트랜드 다리의 건설 (1815년)〉
에드워드 블로어 그림
조지 쿡 판화제작
1817년, 15.5×21.5cm

은 타원형의 아치를 창조해낸다. 레니의 설계는 지나치게 장식적이지 않은 간결한 아름다움과 견고함을 함께 지니고 있다. 레니는 현장의 조건에 익숙해지기 전에는 절대 설계를 시작하지 않았으며 물량 산출이나 보고서 준비에도 매우 치밀하고 정확한 기술자였다고 한다.

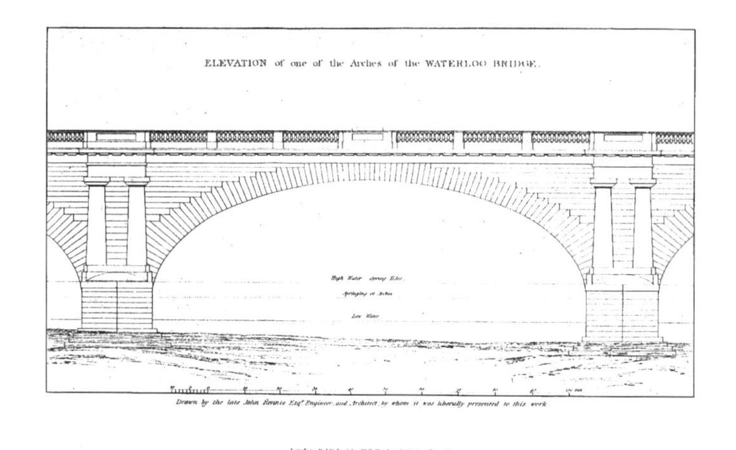

레니의 설계도. 도리아식 기둥 사이의 낮고 넓은 타원형 아치가 특징적이다.

1831년 완공된 새 런던브리지도 그의 작품이다. 이미 1799년 새 런던브리지 설계 공모에 출품한 레니의 설계가 당선되었지만 실제 다리가 건설된 것은 워털루 다리보다 한참 후의 일이다. 그가 세상을 떠나고 10년이 지나서야 토목공학자로 훈련된 그의 둘째 아들에 의해 다리가 완성된다.

엔지니어로서 귀감이 된 그는 1798년 로열 소사이어티의 회원이 되고 1815년에는 런던 대학의 전신인 런던 인스티튜션의 이사가 된다. 그는 워털루 전승의 영웅인 웰링턴 공과 함께 세인트폴 대성당에 묻혀 있다. 극소수의 위인들만이 이곳에 묻혀 있음을 고려할 때, 토목공학자를 구국 영웅의 반열에 올려놓고 경의를 표하는 그들의 전통과 문화가 새삼 부러울 따름이다.

개통과 함께 얻은 새 이름

1817년 6월 18일. 두 번째 워털루 전승기념일에 이 다리의 개통식이 성대하게 열린다. 여기에는 국왕대행 왕자를 비롯해 워털루 전투의 연합군 사령관이던 웰링턴 공과 그의 참모들이 대거 참가한다. 컨스터블의 그림 전면에 보이는 왕실 선박에 승선하는 사람이 바로 당시 국왕대행 왕자 즉 훗날의 왕 조지 4세다. 당시 〈타임스〉의 기사[1]를 보자.

> "이 다리는 독자들이 아는 바대로 원래 '스트랜드 다리'라고 불렸다. 그러나 영원히 기억될 워털루 전승을 기념하고자 하는 당연하고도 애국적인 염원에 따라 단순히 거리 이름을 딴 이 교량의 이름을 바꿀 수 있는 좋은 기회가 찾아왔다. 위대한 업적을 기리고자 할 때 예술 작품을 통하는 것보다 더 품위 있는 방법은 없을 것이다. 특히 이 경우에는 고도의 편리함과 아름다움을 겸비했으니 더할 나위가 없다. 엄청난 비용이 드는 기념비나 기념탑의 건설보다 이런 종류의 기념물에 국민들이 더욱 열렬한 경의를 표할 것이다.
>
> 공공시설물의 이름을 자국의 영예로운 역사적 사건에서 따온 사례는 적지 않다. 인간의 본성과 그것을 이용하는 방법을 잘 파악하고 있는 나폴레옹은 최근 이러한 이치를 잘 활용하여 드쎄, 그 자신, 또는 그의 군대에 헌정하는 승전 기념비와 기념 아치를 세웠다. 그뿐 아니라 그는 그가 승리한 중요한 전투인 예나와 아우스터리츠를 기념하는 교량을 건설했다. 그러나 그 교량들이 제법 멋스럽고 편리함을 갖추었다 하더라도 오늘 개통한 이 교량에 비하면 토목 구조물로서나 공학 기술의 관점으로 볼 때 아주 하찮은 구조물일 뿐이다."

영국 국민들은 당시 이 다리에 대단한 자부심을 가졌던 듯하다. 이렇게 해서 이 평범한 '스트랜드 다리'는 위대한 '워털루 다리'가 된다. 다리는 교통의 편의를 제공하는 구조물의 의미만 갖고 있지 않다. 다리는 때로 국민들의 자긍심을 드높여주는 상징물이 되기도 한다. 이탈리아 신고전주의 조각의 거장인 카노바 Antonio Canova (1757~1822)는 이 다리를 "유럽 최고의 다리"라고 치켜세우면서 "이 다리 하나만으로도 로마에서 여행을 올 만한 가치가 있다"고 말하기도 했다.

애수의 다리

1840년대에 이르러 이 자랑스러운 다리는 어느덧 자살의 다리로 악명이 높아진다. 1844년 토마스 후드라는 시인이 쓴 〈탄식의 다리 The Bridge of Sighs〉는 다리에서 뛰어내린 한 여인의 죽음을 모티브로 지은 시로 당시 대단한 반향을 일으킨다. 이 다리는 '탄식의 다리'뿐 아니라 '연인들이 몸을 던지는 곳' 또는 '자살의 아치'라고도 불리게 된다. 실제로 이 다리에서 발생하는 자살이 공식적인 집계로만 연간 30건 정도로 런던 전체에서 발생하는 자살의 약 15퍼센트를 차지했다고 한다.[2]

워털루 다리는 템스강을 가로지르는 당시의 런던 도심 교량들 중에서 단연 으뜸이었다. 새로운 사랑을 시작하기에 더없이 매력적인 장소지만 목숨을 버리는 장소로는 더더욱 인기 있는 장소가 되었다. 분주한 도심의 다리로서는 비교적 조용한 곳이기에 가능한 일이었다. 다리의 통행료로 인해 호기심 많고 무례한 군중들로부터 격리될 수 있었다. 또한 템스강이 구부러져 돌아가는 곳이기에 다리에서 보는 런던의 경관이 더할 나위 없이 훌륭한 낭만적인 곳이기도 했다. 그래서 사람들은 여기서 시작하고 여기서 끝내는 것이었다.

로버트 셔우드의 1930년 희곡 〈워털루 다리〉는 제1차 세계대전 중 폭격이 진행되는 동안 다리에서 만난 여인과 사랑에 빠져 결혼을 꿈꾸는 한 장교의 이야기다. 이 이야기는 여러 번 영화로 만들어졌는데 특히 1940년에 만든 영화는 비비안 리와 로버트 테일러가 주연을 맡고 우리나라에서는 '애수'라는 제목으로 상영된 바 있다.

영화 〈애수〉의 한 장면. 뒤로 워털루 다리의 육중한 난간이 보인다.

이 안타까운 사랑의 비극은 우리 어머니 세대 여인들의 손수건을 흥건히 적시면서 로버트 테일러를 일약 불세출의 연인으로 만들어 버린다. 그리고 미국에서보다 동양에서 더 인기를 끈 이 영화는 이후 애정 영화의 전범이 된다. 그러나 이 애수의 다리는 영화가 만들어지기도 전인 1936년 근대식 콘크리트 교량으로 교체되기 위해 헐리고 만다.

1 인용된 기사는 thames.me.uk에 포스팅된 것을 우리말로 옮긴 것이다.

2 Nicholetti, L. J., Downward Mobility: Victorian Women, Suicide, and London's "Bridge of Sighs," Literary London: Interdisciplinary studies in the representation of London, Vol. 2 No. 1 (March 2004)

7. 드랭과 타워브리지

Derain and Tower Bridge

앙드레 드랭 <템스강의 풍경>
1906년, 캔버스에 유채, 66 x 99cm
프리다트 재단 (런던 코톨드 미술관에 대여)

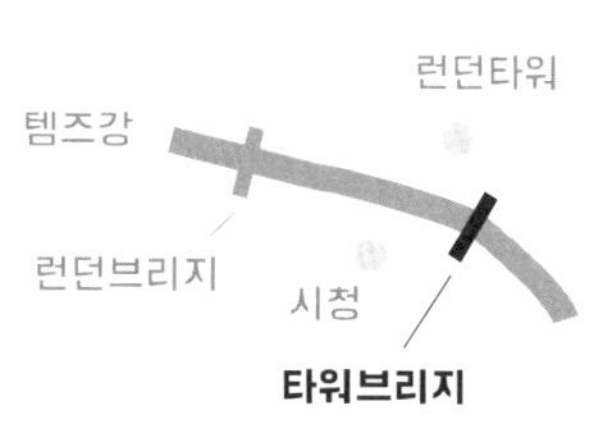

고풍스러운 외관 때문에 사람들은 이 다리가 아주 오래 전에 건설되었을 거라고 생각한다. 그러나 실제로는 그리 오래되지 않았다. 타워브리지의 겉은 중세 다리들처럼 화강암으로 마감되었지만, 안을 들여다보면 실제 구조물은 철골로 되어 있다. 좋든 싫든 빅토리아 시대 교량 공학의 위대한 유산인 것은 분명하다.

시뻘건 하늘과 선박들. 파란 다리와 건물들. 노랑과 초록의 강물. 자연스럽지 않은 색들이 어지럽게 펼쳐져 있다. 석양인가? 석양이 아니어도 상관없다. 야수의 눈으로 보는 풍경인데 어찌 인간의 눈으로 보는 것과 같을 수 있겠는가. 강렬한 원색, 대담한 색채 대비, 생생한 효과… 야수의 기질을 유감없이 드러낸 드랭의 작품이다. 그림 뒷부분에 양팔을 벌리고 서 있는 푸른색 구조물은 런던의 랜드마크인 타워브리지다. 다리 모습이 워낙 특이해서 재현에 신경 쓴 그림이 아니더라도 금방 알아볼 수 있다. 드랭이 런던을 방문한 것은 다리가 완성된 1894년으로부터 불과 12년 후다. 런던 템스강 주변을 그린 연작 중 한 점으로 소위 '런던 풀 Pool of London'을 그린 작품이다. 런던 풀은 런던브리지와 타워브리지 사이의 항구로, 물이 깊어 큰 선박들이 정박할 수 있는 곳이라서 그렇게 불렸다. 타워브리지는 그저 배경일 뿐 화가는 항구의 풍경, 즉 온갖 선박과 뱃사람과 강물을 담아냈다. 원근법을 완전히 무시한 그림이긴 하지만, 오른쪽 아래의 배와 그 위에 서 있는 사람들을 보면 아마도 화가는 런던브리지 위에 서서 그림을 그린 듯하다.

야수파 앙드레 드랭

앙드레 드랭 Andre Derain (1880~1954)은 마티스와 함께 '야수파'를 일군 프랑스 화가다. 일찍부터 그림에 관심을 두고 있었으나 엔지니어가 되기 위한 공부를 했고, 1898년 그림 수업을 받다가 마티스를 만난다. 군대에 다녀온 후인 1904년 마티스의 도움으로 부모를 설득하고는 엔지니어의 길을 포기하고 그림에 전념하게 된다.

1905년 드랭과 마티스는 지중해변의 콜리우르 마을에서 여름을 함께 보낸다. 그리고 그 해 말 살롱 도톤 Salon d'Automne에 그들의 혁신적인 작품들을 출품한다. 이들의 생생하고 비자연적인 색채를 본 비평가 보셀 Louis Vauxcelles이 이들을 "거친 짐승들 Les Fauves"이라고 조롱을 담아 불렀고, 여기서 '야수주의 Fauvism'라는 명칭이 시작되었다.

그 자신의 표현대로 "완전한 표현의 재생"을 추구했던 드랭은 이 전시회로 일약 파리에서 가장 진보적인 화가 중 한 명으로 자리매김한다. 1906년, 그의 화상 볼라르 Ambroise Vollard는 드랭을 런던으로 보낸다. 수년 전 모네가 이룩한 템스강 연작의 성공을 그만의 새로운 스타일로 담아내기 위한 것이었다. 드랭은 30점의 연작을 완성한다.

> "모네 이래 아무도 런던을 이렇게 신선하면서도 철저히 영국적인 풍경으로 담아내지 못했다. 몇몇 템스강 풍경화들에서 점묘법 Pointilism이 사용되었으나, 이때는 이미 점의 크기가 매우 커져서 오히려 분할주의 Divisionism에 가깝다고 볼 수 있다. 특히 태양빛 아래 강물의 움직임에 의한 색채의 파편화를 잘 포착해내고 있다."

드랭의 런던 방문 100주년을 코앞에 둔 2005년 런던의 코톨드 미술관은 이 30점의 연작 중 12점을 한데 모아 〈앙드레 드랭: 런던 그림들〉[1]이라는 전시회를 개최했는데, 이 전시회를 참관한 평론가 로젠탈이 한 말이다.[2]

'런던브리지'가 재정을 조달한 다리

타워브리지는 런던 최고의 랜드마크다. 독특한 형태로 세상 모든 사람이 금방 알아보는 런던의 명물이고 상징이다. 고풍스러운 외관 때문에 사람들은 이 다리가 아주 오래 전에 건설되었을 거라고 생각한다. 그러나 실제로는 그리 오래되지 않았다. 타워브리지의 겉은 중세 다리들처럼 화강암으로 마감되었지만, 안을 들여다보면 실제 구조물은 철골로 되어 있다. 좋든 싫든 빅토리아 시대 교량 공학의 위대한 유산인 것은 분명하다.

런던은 19세기 내내 이곳에 다리를 세우는 것을 고민했다. 상류에 있는 '런던브리지'의 정체가 심각했고 런던 동부 지역이 개발됨에 따라 다리가 필요했기 때문이다. 그러나 다리는 필연적으로 선박 통행에 지장을 초래할 것이라며 신중한 모습이었다. 게다가 다리의 형식, 재정 조달 등에 대한 논란으로 오랜 시간을 허비하면서 결국 1876년에 이르렀다.

가장 큰 문제는 다리가 선박의 통행에 지장을 줘서는 안 된다는 점이었다. 그러나 문제의 해결이 그리 간단치 않았다. 낮은 다리는 선박의 통행에 지장을 초래할 것이고, 높은 다리는 진입로의 경사가 심해 차량의 통행을 어렵게 할 것이었다.

1876년
프레데릭 버넷이
제안한 설계안

설계 공모가 실시되자 무려 50개가 넘는 설계안들이 제안되었다. 그중 주목할 만한 한 가지는 소위 '낮은 두플렉스duplex 다리'라는 것이다. 1876년 프레데릭 버넷이 제안한 이 설계안에 의하면 중앙에서 다리가 두 갈래로 갈라지고 각각 스윙 구간을 가지고 있는 구조다. 그래서 배가 통과할 때 다른 갈래로 보행자나 마차가 이용한다는 아이디어다. 번거롭긴 하겠지만 기발하지 않은가.

다리의 형식 못지않게 어려웠던 문제는 재정 조달이었다. 1883년 시 건설국은 의회에 다리 건설 재원을 마련하기 위해 석탄과 와인 관세를 연장해 달라고 요청하지만 거부되었다. 결국에는 13세기부터 런던브리지의 통행료와 다리 위의 건물 임대료를 모아 두었던 런던시의 '교량주택기금 Bridge House Estates'으로 재원을 조달하게 된다.[3] 사실 새로 지을 다리의 위치는 당시 런던시의 경계를 약간 벗어나 있었다.

두 엔지니어의 '잡종' 설계안

한동안 '낮은' 다리 설계안이 유력했으나 결국 시의 책임기술자 존스 Horace Jones (1819~1887)가 제시한 설계안이 채택된다. 이에 대해서는 다소 공정성의 문제가 있었던 것으로 보인다. 존스는 설계 공모의 심사위원이었기 때문이다.[4] 최종 선정된 존스의 설계안은 다리를 들어 올릴 수 있는 도개교로서, 중

존스의 초기 설계안. 타워 사이에 둥근 아치 구조물을 세우고 중세의 도개교처럼 케이블로 다리를 들어 올리는 구조다.

앙에 세운 커다란 아치를 통해 바스큘 bascule을 체인으로 끌어올리고 내리는 안이었다. 그러나 이 안은 아치 때문에 도개 구간을 높이 들어 올릴 수 없다는 치명적인 단점을 안고 있었다.

이때 토목공학자 배리 John Barry (1836~1918)가 등장한다. 배리의 도움을 받아 설계가 개선된다. 도개교 부분도 아치를 이용해서 줄로 끌어올리는 것이 아니라 증기기관을 통해 들어 올리도록 변경된다. 개선안이 의회에 제출되고 결국 1885년 '타워브리지 조례'가 왕실의 승인을 얻는다.

형태는 기능을 따라간다고 했던가. 결과적으로 이 다리는 세 가지의 서로 다른 교량 형식이 섞인 특이한 '잡종 Hybrid' 다리가 된다. 바깥쪽은 쇠사슬에 매달린 현수교, 중앙의 도로교는 도개교, 그리고 도개교 위에 설치된 보행로는 들보로 지지되는 거더교로 말이다. 그리고 외관은 근처의 '런던타워'와의 조화를 위해 고딕풍의 외관을 갖게 된다.

1886년 6월 21일, 첫 번째 돌이 놓이고 역사적인 다리 공사가 개시된다. 이 행사에는 빅토리아 여왕을 대신해서 왕세자(훗날 에드워드 7세)가 참석했다.

존스는 배리와 함께 다리 건설의 감독을 맡지만 공사 개시 1년 만에 존스가 죽는 바람에 배리가 이어받았다. 원래 공사 기간은 4년으로 허가되었지만 두 번의 연장 끝에 8년이 걸려 다리가 완공되었다. 공사 지연의 원인은 기술적인 것이 아니라 법적인 것이었다. 공사 중 선박 통행에 지장을 주어서는 안 된다는 계약 조건 때문에 교각 두 개를 한꺼번에 건설하지 못했다.

스코틀랜드의 성을 닮은 다리

주탑의 기초에는 주철로 제작된 속이 빈 상자형 구조물이 사용되었다. 그 위로 벽돌 조적 교각이 세워지고 다시 그 위로 거대한 철골 주탑이 세워졌다. 주탑 내부에 도개교의 균형추를 장착하기 위한 거대한 공간이 필요했기 때문이다. 타워브리지의 총 길이는 286.5m이고 도개교로 이루어진 주 경간의 길이는 79m다. 도개 구간 상층부 43m 높이에 위치한 보행교는 주탑에서 내민 두 개의 캔틸레버를 중앙에서 거더로 연결하는 구조다. 길이가 각 82.3m인 양측 경간은 강철 현수 체인 케이블이 주탑과 양측 교대의 탑에 고정되어 있다. 흥미로운 것은 건설 당시 선박의 통행을 방해하지 말아야 했기 때문에 도개교를 세운 상태로 주탑을 시공했다는 점이다.

1892년
공사 중인 다리의 모습

주탑의 철골 구조물 외부에는 화강암 벽을 입혀 중세의 성을 연상케 하는 타워로 만들었다. 이는 근처에 있는 런던타워와 닮게 하려는 의도에서였다. 존스의 원안은 붉은 벽돌로 마감하는 것이었으나 배리의 건축 자문을 맡은 스티븐스의 대안으로 화강암을 선택했다. 주탑에 창과 발코니 등을 첨가하여 외관을 장식했는데 결과적으로 영국의 성보다는 스코틀랜드의 성에 가까운 모습이 된다.

잠에서 깨어나는 거인의 팔

1894년에 다리 건설이 드디어 막을 내린다. 그해 3월 27일, 세워져 있던 바스큘이 처음으로 내려지면서 공사가 종료된다. 다리에 하중을 가해 안전을 검증한 후인 6월 30일, 드디어 다리를 공식적으로 개통하게 된다. 8년 전 교각 기초의 첫 돌을 놓았던 왕세자가 참석한 성대한 개통식 장면은 와일리 William Wylie (1851~1931)의 그림에 잘 담겨 있다.

윌리엄 와일리
〈타워브리지의 개통
1894년 6월 30일〉
1895년, 캔버스에 유채
78.7×134.6cm
런던 길드홀 미술관

"왕세자가 손을 대자 육중한 도개교는 잠에서 깨어나는 거인의 팔처럼 서서히 하늘을 향해 오르기 시작했다. 수많은 깃발로 장식된 마차들이 인파를 헤치면서 긴 개선 행진을 시작했다. 요란한 사이렌 소리가 울리고, 종소리와 대포소리가 울려 퍼지는 가운데 위대한 타워브리지의 개통이 선언되었다."[5]

재미있는 건 이 다리가 개통된 직후 런던 시장은 남작 작위를 받지만, 교량을 성공적으로 건설한 교량 공학자 배리는 1897년이 되어서야 그보다 아래 등급인 기사 작위를 받았다는 점이다. 기사가 된 배리는 이름 앞에 울프를 붙여 울프-배리 Wolfe-Barry가 되었고 훗날 영국토목학회 ICE의 회장을 역임한다.

삽질로 말똥을 치우던 다리

다리는 원래 빅토리아 여왕이 제일 좋아하는 갈색으로 도장되었으나 나중에 회색으로 바뀐다. 1976년, 대대적인 보수가 이루어지면서 다리는 푸른색과 흰색을 기본으로 하고 군데군데 붉은색과 금색으로 장식된다. 개통 당시에는 다리 운영을 위해 무려 80명의 인원이 필요했다. 도개교를 들어올리기 위해 증기기관을 사용했기 때문이다. 당시 다리책임관 Bridgemaster과 관리책임기술자 Superintendent Engineer는 타워에 상주했다. 전기 모터로 교체된 지금은 13명이 기본적인 유지관리를 맡아서 한다.

개통 당시는 자동차가 등장하기 전이었으므로 다리를 주로 마차가 지나다녔다. 다리가 들어 올려질 때면 말들의 배설물이 경사진 다리를 굴러 내려가 타워의 벽 쪽에 쌓였다. 때문에 삽으로 무장한 두 명의 인부가 삽질을 하여 배설물을 타워의 벽에 뚫린 작은 문을 통해 안으로 밀어 넣었다고 한다. 오늘날도 이 특별한 작은 문을 볼 수 있다.

19세기에서 20세기로 바뀔 무렵 마차가 증가하면서 많은 도시 계획가들은 그만큼 늘어나게 될 말똥을 걱정했다. 다리가 개통될 당시인 1894년 어떤 사람은 〈타임스〉에 기고한 글에서 1940년대가 되면 런던의 모든 거리에 말똥이 약 2m 70cm 높이로 쌓일 것이라고까지 예측했다. 하지만 다행스럽게도 10년쯤 뒤에 헨리 포드가 '모델 T'를 생산하기 시작했고, 덕분에 사람들은 말똥의 위기를 피해갈 수 있었다.[6]

배가 먼저냐 자동차가 먼저냐

현재 도개교를 들어 올리는 데는 약 3~5분 정도 걸린다. 개통 당시 하루 20회 정도 다리를 들어 올리던 것이 이제는 하루 두세 번 정도로 줄었다. 그러나 예부터 지금까지 바뀌지 않은 전통은 선박의 통행에 자동차 통행보다 우선권이 주어진다는 것이다. 여기에는 예외가 없다.

1997년 런던을 방문한 미국의 클린턴 대통령이 블레어 수상과의 오찬을 마치고 다리를 지나가게 되었다. 그때 마침 '글래디스'라는 선박을 위해 도개교를 들어 올리는 바람에 그의 자동차 행렬이 반으로 잘리고 클린턴의 차량은 정지해서 기다리는 수밖에 없었다. 이 예기치 못한 경호 사고에 클린턴의 경호원들이 진땀을 뺐다고 한다. 이 사건에 대해 타워브리지의 대변인은 "미국 대사관에 연락을 취했으나 아무도 전화를 받지 않았다"고 변명했다고 한다.[7]

예술적으로 고상한 척하는 다리

프랑스의 유명 작가 알퐁스 도데는 타워브리지를 "인간의 노력이 빚어낼 수 있는 가장 거대한 상징물"이라고 말한 바 있다. 한편에서는 이 다리를 "위대한 공학의 개가"라고 치켜세웠지만 다리의 미관에 대해 대체로 그리 후한 점수를 받지는 못했다.

시청 건물에서 바라본 타워브리지

타워브리지가 완공되자 다리에 대한 비평과 조롱이 쏟아졌다. 주탑 양쪽 현수 구간의 육중하고 기묘한 현수 체인도 놀림거리가 되긴 했지만, 철골 구조물에 고딕식 화강암을 덧붙인 타워의 건축적인 요소가 주로 질타의 대상이 되었다. 그리고 타워의 철골을 에든버러의 포스 다리 Forth Bridge처럼 그대로 노출시켜야 한다는 주장도 많았다.

시간이 흐르면서 사람들의 눈에 익숙해질 것인가? 1909년 〈타임스〉가 타워브리지는 "전람회의 한쪽 구석에 만들어놓은 괴물 같은 고딕 장난감을 닮았다"고 쓴 것을 보면 그렇지도 않았던 것 같다.

"타워브리지처럼 공학적인 다리가 예술적으로 고상한 척하기 때문에 볼썽사납다"

1924년 버나드 쇼가 한 말이다. 과연 그다운 독설이다. 하지만 온갖 악담에도 불구하고 타워브리지는 일반 대중들에게 사랑 받는 다리로, 나아가 런던을 상징하는 구조물로 자리매김한다. 지금은 런던의 랜드마크로서 파리의 에펠탑이나 샌프란시스코의 금문교와 어깨를 나란히 하고 있다.

1940년대, 타워브리지는 빅토리아시대 고딕식 외벽을 아예 뜯어내버리고 유리로 둘러싸자는 제안으로 한바탕 홍역을 치르기도 했다.[8] 한 시대가 만들어낸 조악함을 다른 시대의 조악함으로 교체하겠다는 이 땜질 처방은 그러나 실현되지 않았다.

1 http://www.courtauld.ac.uk/newsletter/autumn_2005/exhibitions.shtml

2 Tom Rosenthal, reviewing Derain's London paintings on show at the Courtauld Gallery, The Independent, 4 December 2005

3 헨리 페트로스키, 《기술의 한계를 넘어서》, 이은선 옮김, 생각의 나무, 2005, pp. 111-121

4 Ian Pay et al., London's Bridges: Crossing the Royal River, AAPPL, Surrey, 2009, pp. 20-23

5 https://www.bonhams.com/auctions/10191/lot/50/

6 네이트 실버, 《신호와 소음: 미래는 어떻게 당신 손에 잡히는가》, 이경식 옮김, 더 퀘스트, 2014, p. 319

7 http://en.wikipedia.org/wiki/Tower_Bridge

8 David Brown, Bridges: Three Thousand Years of Defying Nature, Mitchell Beazley, London, 1996, pp. 74-75

8. 부르주아와 아르콜 다리

Bourgeois and Pont d'Arcole

아메데 부르주아 <시청 진격-아르콜 다리>
1830년, 캔버스에 유채, 145 x 192cm
베르사이유 미술관

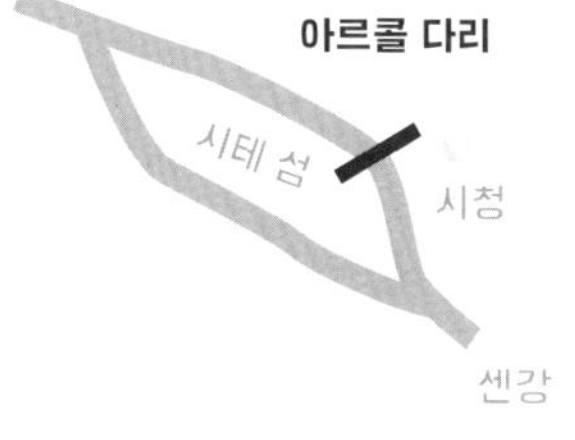

다리는 역사의 전환점에서 늘 중요한 자리를 차지하고 서 있기 마련이다. 아르콜 다리는 특히 시청과 노트르담을 잇는 길목에 있는 전략적 요충지였다. 그래서 역사의 소용돌이 속에서 수많은 사건을 목격했다.

19세기 초 프랑스. 나폴레옹의 제1제정이 끝나고 왕정복고가 시작되었다. 부르봉 왕조가 부활한 것이다. 그러나 집권한 왕당파가 경제공황에 제대로 대응을 못하자 의회에는 자유주의자와 좌익세력이 늘어났다. 이에 왕당파는 세력 확장을 꾀하며 노골적으로 선거에 간섭하면서 1830년 '7월 혁명'을 자초한다. 그리고 왕정복고는 막을 내린다.

이 그림은 아메데 부르주아 Amédée Bourgeois (1798~1837)라는 프랑스 화가가 1830년 7월 혁명 직후에 그린 그림이다.[1] 7월 28일 시민군이 시청으로 진격하는 장면을 담았다. 그림의 제목이 말해주듯 다리가 주인공이다. 개선문처럼 생긴 다리의 주탑 근처에 한 젊은이가 삼색 국기를 두 손으로 들고 돌진하고 있다. 강 건너 시청 광장에서 왕실 경비대가 총을 쏘아대고 있다. 이 용감한 국립공과대학 École Polytechnique 학생은 곧 총탄을 맞고 쓰러질 것이다.

그림의 전면에는 강둑의 난간을 방패 삼아 건너편 시청의 탈롱 장군 군대와 교전 중인 시민군이 그려져 있다. 옷을 잘 차려입은 부르주아와 허름한 복장의 노동자들이 함께 싸우고 있다. 심지어는 제복을 입은 현역 군인들마저 합세해 싸우고 있다. 왼편에는 부상당한 시민의 발목을 치료하는 의사도 보인다. 모든 계급의 시민이 하나 되어 혁명에 동참하는 모습을 상징적으로 보여주고 있다.

그림의 오른쪽에는 또 하나의 삼색기가 선명하다. 청색 블라우스와 붉은 치마 그리고 흰색 앞치마로 상징되는 한 평범한 여인의 복장이 그것이다. 바구니에는 빵과 와인 병들이 담겨 있다. 이 여인은 총을 들지는 않았으나 부상자를 돌보고 이들에게 음식을 제공하고 있다. 혁명군을 응원하는 시민의 마음일 것이다. 들라크루아의 유명한 그림 〈민중을 이끄는 자유〉[2] 에서처럼 프랑스와 자유와 여인은 하나다.

'그레브 인도교'라는 이름의 현수교

파리 시청과 시테 섬을 연결할 다리의 필요성은 오래 전부터 제기되어 왔으나 19세기에 들어 샤를 10세 시절에 실현된다. 7월 혁명이 일어나기 직전인 1828년 보행자 전용 현수교가 건설된 것이다. (샤를 10세는 이 다리로 말미암아 2년 뒤 자신이 축출되는 운명이 될 줄은 몰랐을 것이다.)

당시는 프랑스 전역에서 현수교가 크게 유행하던 시절이었기 때문에 이곳에 현수교가 건설된 것은 어쩌면 너무나 당연한 일이었다. 샤를 10세는 다리 공사를 당시 파리 시내에 있던 다리 세 개를 운영하던 드자르댕 Alain Desjardins에게 위임했다. 다리 설계는 프랑스 현수교의 대부 세겡 Marc Seguin이 맡았다.

19세기 초반의 아르콜 다리

이 현수교는 중앙에 주탑이 있는 2경간 현수교로 총 길이는 92m다. 그림에서 보는 바와 같이 체인 케이블은 두 개의 반 현수 곡선으로 양안의 교대에 설치된 주철 프레임을 통해 고정되었다. 다리의 양편에 각각 두 본의 체인 케이블이 사용되었고, 체인은 직경 4.8cm 길이 3m인 철봉을 연결하여 제작되었다. 교대와 교각 그리고 주탑 모두 석재로 건설되었다. 높이 7.6m에 폭이 3m인 주탑의 중앙에는 2.7m 너비의 아치가 있고 약 6m의 높이에 케이블을 연결하는 구멍을 냈다. 수직 행어는 2.5cm 크기의 정사각형 단면 바를 사용했다. 다리 난간은 주철로 제작되었다.[3]

드루리의 책에서 소개한 다리의 측면도

경간이 세 개로 이루어진 일반적인 현수교에 익숙한 눈에는 다리의 형태가 다소 낯설긴 하지만 다리의 미관이 그리 나쁘지 않다. 당시는 이런 형식의 현수교를 흔히 볼 수 있었는데 강폭도 그다지 크지 않고 보행자와 마차만 다녔기에 가능한 선택이었을 것이다. 다리 중앙의 주탑은 개선문 형태의 기념비적인 구조물로 무게감이 있어 주변 건축물과의 조화도 괜찮은 편이다.

1828년 12월 21일에 개통된 이 다리의 공식 명칭은 '그레브 인도교 Passerelle de Grève'였다. 다리가 연결되는 시청 앞 '그레브 광장'을 따른 자연스러운 이름이다. 그런데 이 다리의 이름은 7월 혁명이 끝난 후 돌연 '아르콜 다리 Pont d'Arcole'로 바뀐다. 왜 그랬을까?

아르콜 다리 위의 보나파르트

다음 그림은 프랑스의 저명한 신고전주의 화가 그로 Antoine Jean Gros (1771~1835)가 그린 나폴레옹의 초상이다. 그림의 제목이 〈아르콜 다리 위의 보나파르트〉다. 1796년의 이탈리아 원정에서 깃발을 휘날리며 적진의 포화를 무릅쓰고 다리 위로 진격하는 나폴레옹의 모습을 담고 있다. 청색 제복에 붉은색과 흰색이 뒤섞인 화려한 허리띠로 프랑스의 삼색기를 상징하며 '공화국의 구원자' 나폴레옹의 영웅상을 강조하고 있다.

그로의 그림에서 눈여겨볼 대목은 영웅의 이미지가 용맹스럽고 근육질인 용사의 이미지가 아니라는 점이다. 그림의 이미지는 대신 지적이고 감성적인 예술가의 이미지다. 장발로 풀어헤친 머리와 섬세한 이목구비 그리고 창백한 얼굴은 군인보다는 시인이나 음악가의 모습을 떠올리게 한다. 나폴레옹은 자신의 권력을 정당화하기 위한 수단으로 예술을 적극 활용했다.

앙투안 장 그로
〈아르콜 다리 위의 보나파르트〉
1801년, 캔버스에 유채
130×94cm
베르사이유 미술관

이 그림의 제목에 등장하는 아르콜 다리는 물론 앞서 본 부르주아의 〈시청 진격-아르콜 다리〉에 나오는 그 '아르콜' 다리가 아니다. 이탈리아 베로나 근처의 '아르콜라 Arcola'라는 마을 근처에 있던 다리다. 1796년 11월 15일부터 3일 동안 벌어진 이 전투를 '아르콜 다리의 전투'라 부른다. 패색이 짙던 이 전투에서 오스트리아군에게 승리를 거둔 보나파르트는 일약 전쟁 영웅으로 떠오른다.

1799년 파리로 돌아온 나폴레옹은 쿠데타를 통해 정권을 장악하고 절대적인 권력을 가진 제1통령으로 취임한다. 그리고 1804년 프랑스인들은 국민투표에서 압도적인 찬성표를 던져 나폴레옹을 황제로 선출한다. 나폴레옹은 결국 그가 스스로 수호자임을 자처하던 '프랑스 혁명(1789)'의 이상을 배반하고 혁명이 무너뜨렸던 앙시앙 레짐의 권좌를 고스란히 찬탈한 것이다.

여기 그림이 하나 더 있다. 이 그림은 떼브냉 Charles Thevenin (1764~1838)이라는 화가가 그린 〈아르콜 다리의 오주로, 1796년 11월 15일〉이라는 그림이다. 그런데 날짜까지 포함된 이 그림의 제목에는 '보나파르트'가 아니라 '오주로'라는 이름이 들어가 있다. 어찌 된 영문인가?

샤를 떼브냉
〈아르콜 다리의 오주로
1796년 11월 15일〉
1798년, 캔버스에 유채
362×268cm
베르사이유 미술관

이 그림은 아르콜의 전투에서 오주로 Augereau라는 젊은 장교가 다리를 탈환하고 보나파르트가 도착할 때까지 다리를 지켜낸 것을 그린 그림이다. 이것이 진실된 역사다. 나폴레옹은 실제로 다리에서 60보 정도 떨어진 뒤에 있었다고 한다. 그러나 나폴레옹은 이 역사적인 장소에서 오주로를 몰아내고 자신으로 바꿔치기한 것이다.

예술을 활용한 홍보 전략가 나폴레옹

정치적인 목적으로 역사적 사실을 왜곡한 나폴레옹의 야심과 재주가 비상하지 않은가. 아마도 근대의 군주 가운데 이미지의 힘을 가장 잘 이해하고 정치적 선전에 활용한 지도자는 나폴레옹이 아닌가 싶다. 그의 비상한 재주는 다음 그림에도 잘 나타나 있다.

앙투안 장 그로
〈자파 역병환자 수용소를 방문한 나폴레옹〉
1804년, 캔버스에 유채
32×720cm, 루브르 미술관

이 그림은 나폴레옹의 이집트-시리아 원정 시절에 일어난 일을 묘사하고 있다. 나폴레옹이 이끈 프랑스 군이 시리아의 자파 Jaffa를 무자비하게 함락시킨 직후 역병이 돌아 많은 군사가 병에 걸렸다. 그러자 자파의 한 모스크에 임시 병원을 설치하고 환자를 수용했다. 이 그림은 이 병원을 방문하여 환자를 살피는 나폴레옹을 묘사하고 있다.

이슬람식 아치 아래 멀리 성곽 위로 프랑스의 삼색기가 나부끼고 있다. 임시 병원으로 사용하는 사원 안에 벌거벗은 환자가 가득하다. 실상은 이보다 더

비참했을 것이다. 왼편에서는 이슬람 복장을 한 관리들이 환자들에게 빵을 나눠주고 있고, 오른편 아래에는 의사가 환자를 돌보고 있다.

그림의 주인공은 물론 나폴레옹이다. 중앙에 당당히 서서 자애로운 눈빛으로 환자의 겨드랑이 상처를 만지고 있다. 그것도 장갑을 벗고 맨손으로 말이다. 그와 대조적으로 그의 등 뒤의 부관은 손수건으로 코를 가리고 있다. 그 옆의 군의관은 놀라서 손을 떼라고 제지하고 있다. 전면을 향해 서서 왼손을 내밀고 서 있는 그의 자세는 그리스 조각 아폴로 상에서 그대로 가져온 것이다. 예수가 나병 환자의 몸에 손을 대 기적을 일으킨 장면을 연출하고 있는 것이다.

이집트–시리아 소위 '동방' 원정에 나섰던 나폴레옹은 내심 알렉산더 대왕의 영광을 재현하고 싶은 야심을 품었을 것이다. 그러나 나폴레옹은 시리아에서 후퇴할 당시 역병에 걸린 수십 명의 군인들에게 치사량의 아편을 투여하여 안락사를 시켰다는 소문에 시달리고 있었다. 그래서 이런 그림이 필요하지 않았겠는가. 이집트 원정 시 나폴레옹은 장군에 불과했으나 이 그림을 제작할 당시는 황제의 꿈이 무르익고 있을 때였다. 길이가 7m가 넘는 엄청난 크기의 이 그림은 물론 나폴레옹이 의뢰한 것이다. 이 그림은 1804년 나폴레옹이 황제로 선출되고 대관식을 하기 전까지 7개월 동안 파리 살롱에 전시되었다.

나폴레옹에게 예술은 권력이었다. 또한 그에게 권력은 일종의 예술이었다. 그는 이렇게 말했다.

> "나는 권력을 사랑한다. 그러나 예술가로서 권력을 사랑한다. 소리를 내고 화음을 만들기 위해 음악가가 자신의 바이올린을 사랑하듯이 말이다."

그레브 다리가 아르콜 다리로 바뀐 사연

앞서 '그레브 다리'가 1830년 7월 혁명 후 슬그머니 '아르콜 다리'로 바뀐 것을 언급했다. 그리고 아르콜과 나폴레옹의 관계에 대해서도 이야기했다. 그런데 시민혁명 이후에 그레브 다리가 어떻게 황제 나폴레옹의 아이콘인 아르콜 다리로 바뀔 수 있었을까? 상식적으로 이치에 맞지 않는다.

1830년의 7월 혁명은 나폴레옹이 실각한 지 이미 한참 지난 후에 발발했다. 이 혁명은 '왕정복고'로 왕이 된 샤를 10세가 경제 정책에 실패하자 불만에 쌓인 시민들이 왕을 축출하기 위해 들고일어난 혁명이었다. 혁명은 성공했고 결국 샤를 10세가 축출된다. 그리고 루이-필립이 왕좌에 오른다. '프랑스의 왕'이 아닌 '프랑스인의 왕'으로서. 다시 말해 스스로 왕위를 '계승'한 것이 아니라 혁명과 국민의 힘에 의해 왕으로 '추대'되었다는 뜻이다. 소위 입헌군주가 된 것이다. 그런 루이-필립이 왕좌에 오르자마자 나폴레옹을 기리기 위해 '그레브' 다리를 '아르콜' 다리로 바꿨을 리는 없지 않았겠는가.

동지들, 내 이름은 아르콜이요!

이 미스터리를 풀기 위해 첫머리의 부르주아의 그림으로 돌아가보자. 그리고 혁명의 그날, 삼색기를 들고 다리를 질주하던 용감한 공과대학생을 상기해보자.

전해오는 사연은 이렇다. 이 청년은 다리 중앙에 있던 아치 위에 삼색기를 꽂고 내려오다가 다리 저편의 군인들이 쏜 총탄에 맞고 쓰러진다. 그러자 그의 용맹에 용기를 얻은 시민들이 쏟아지는 총탄 속으로 다리를 건너 진격하게 된다. 죽기 전 그가 시민들에게 "동지들, 내가 죽거든 내 이름이 아르콜이라는 것을 기억하시오! 복수를 부탁하오!"라고 말했다는 것이다. 이런 사실이 파리 시민 사이에 회자되면서 혁명이 완수된 후 다리 이름이 '아르콜'로 바뀌게 되었다는 것이다.[4]

과연 그랬을까? '아르콜'이라는 이름은 그날 죽은 사망자 명단에 없었다. 그뿐 아니라 7월 혁명에서 죽은 사망자 504명의 명단에도 없었다. 그렇다면 어찌 된 일인가? 이런 저런 설들이 있다. '아르콜'이라는 이름은 그 청년이 애국심의 발로에서 사용한 가명이라는 설을 포함해서. 어떤 것이 진실일까?

혁명이 끝난 직후 당시 국민 시인이었던 드라비뉴 Casimir Delavigne (1793~1843)는 〈파리에서의 일주일〉이라는 서사시를 발표한다.[5] 7월 28일의 격렬한 전투를 소재로 한 시다. 특히 이 전투에서 용맹을 발휘하다 장렬히 산화함으로써 결국 격분한 시민들이 시청을 장악하도록 만든 대학생 '아르콜'의 이야기가 들어 있다. 시의 10절은 이렇게 시작한다.

> "와서 그의 마지막 말을 들어라
> 나폴레옹의 거대한 그림자!
> 그 이름을 새기는 것은 너의 몫
> 새 아르콜 다리의 교대 위에"

아마도 그 청년이 시민들에게 전하고자 한 것은 "내 이름이 아르콜이라는 것을 기억하라"가 아니라 "아르콜을 기억하라"였을 것이다. 나폴레옹이 아르콜 다리에서 적의 총탄을 뚫고 진격하여 값진 승리를 쟁취한 것처럼 정규군의 총탄을 겁내지 말고 진격하여 혁명을 완수하라는 의미로 말이다. 결국 혁명은 성공했고 샤를 10세는 퇴위된다.

나폴레옹의 정치적 선전은 성공한 것이다. 젊은 청년의 머릿속에 정치적인 이상을 떠나 아르콜 다리의 의미를 확실히 심어주었으니까 말이다. 아니, 그뿐 아니라 청년이 삼색기를 들고 선두에서 진격하는 모습을 목격한 시민들은 바로 그 순간 이탈리아 전장의 '아르콜' 다리와 나폴레옹을 떠올렸을 테니 말이다.

교각이 없는 다리

1854년 아르콜 현수교는 늘어나는 교통량을 감당하기 위해 새 다리로 교체된다. (파리 시내의 센강에 놓였던 다른 현수교들의 운명도 비슷하다.) 당시 파리는 오스망의 파리 개조 작업으로 시테 섬 주변의 도로가 재정비되는 시기와도 맞물렸기 때문이다. 30년도 채 못 넘긴 이 다리는 마차가 이용할 수 있도록 보다 견고한 근대식 금속 아치 다리로 교체되어 오늘에 이른다.

비가 내리고 있는
현재의 아르콜 다리

현수교를 헐고 새로 건설한 금속 아치 다리는 '다리도로국'에서 은퇴한 기술자 우드리 Alphonse Oudry (1819~1869)가 설계를 맡았다. 이 다리는 당시로서는 혁신적인 교량으로 주철이 아닌 연철로 제작되었고 센강 최초로 교각이 하나도 없는 아치교다.

파란만장한 프랑스 역사의 증인

1830년 7월 혁명의 심장이 된 아르콜 다리는 연철 아치교로 교체된 후 금세기 들어 또 한 차례 역사의 한 페이지를 장식한다. '파리 수복'이 그것이다.

제2차 세계대전이 막바지로 치닫던 1944년 8월 24일, 프랑스의 르클러크 Leclerc 장군이 이끄는 제2 기갑사단의 탱크가 아르콜 다리를 건너 파리 시청으로 진격했다. 그리고 다음날, 파리의 독일 점령군이 항복했다. 바로 그날 노트르담에서 프랑스 임시정부의 수반 자격을 공식적으로 확인한 샤를 드골 장군은 아르콜 다리를 건너 많은 환영 인파가 모여 있던 시청으로 자리를 옮긴다. 그리고 격정에 싸여 그 유명한 '파리 수복' 연설을 토해낸다.

시청에서 환영 인파로 둘러싸인 드골 장군

"남자와 여자 할 것 없이 우리 모두 분연히 일어나서 우리 손으로 파리를 해방시켰습니다. 왜 우리 모두 복받치는 감정을 숨겨야 합니까? (…) 파리! 성난 파리! 부서진 파리! 순교 당한 파리! 그러나 해방된 파리! 스스로 해방된 파리, 파리 시민에 의해 해방된 파리! 프랑스 국민 모두의 도움으로 해방된 파리!"[7]

다리는 역사의 전환점에서 늘 중요한 자리를 차지하고 서 있기 마련이다. 아르콜 다리는 특히 시청과 노트르담을 잇는 길목에 있는 전략적 요충지였다. 그래서 역사의 소용돌이 속에서 수많은 사건을 목격했다.

앞서의 7월 혁명뿐 아니라 1848년에 일어난 또 한 차례 시민 혁명의 격전지. 그리고 혁명 이후 알제리로 추방당한 사람들에 대한 이별과 축복의 장소. 1871년 파리 코뮌 시절에는 시민군의 바리케이드가 세워지고 치열한 전투가 벌어지던 곳…. 이래저래 아르콜 다리는 파란만장한 프랑스 역사의 산 증인이다. 그러나 다리는 모든 것을 묵묵히 지켜볼 뿐 말이 없다.

1 Myriam Tsikounas, "Le Pont d'Arcole, 28 Juillet 1830," http://www.histoire-image.org/site/etude_comp/etude_comp_detail.php?analyse_id=104#retour-note-3

2 외젠 들라크루아 Eugene Delacroix (1798-1863)의 작품 〈민중을 이끄는 자유〉는 프랑스 혁명을 상징하는 대표적인 그림으로 역시 '7월 혁명'을 그리고 있다. 포연이 자욱한 거리에서 바리케이드를 딛고 올라선 여인이 한 손에 장총을 다른 한 손엔 삼색기를 들고 성난 군중들을 이끌고 있는 그림으로 루브르에 전시되어 있다.

3 Charles S. Drewry, "A Memoir of Suspension Bridges", 1832, pp. 106-107

4 George L. Craik, Paris and Its Historical Scenes, Charles Knight, Pall Mall East, 1831, pp. 159-160 (필자가 참고한 eBook 버전은 www.forgottenbooks.org 에 의해 2013년 출판)

5 Casimir Delavigne, Nouvelle Messenienne "Une Semaine a Paris," Alexandre Mesnier, Paris, 1830, p. 10. 들라비뉴의 《신 메세니아인들》에서 메세니아는 고대 그리스의 도시국가로 인근의 스파르타와 늘 분쟁을 일으키던 곳이었다. 아래 프랑스 문서보관소 사이트의 원문을 옮겼다. http://gallica.bnf.fr/ark:/12148/bpt6k5442934k

6 드골의 연설문은 아래의 사이트에서 옮겼다.
http://www.charles-de-gaulle.com/l-homme-du-verbe/speeches/25-august-1944-speech-at-the-hotel-de-ville-in-paris.html

9. 피사로와 퐁뇌프

Pissarro and Pont Neuf

카미유 피사로 <퐁뇌프>
1902년, 캔버스에 유채
55 x 46cm
헝가리 부다페스트 미술관

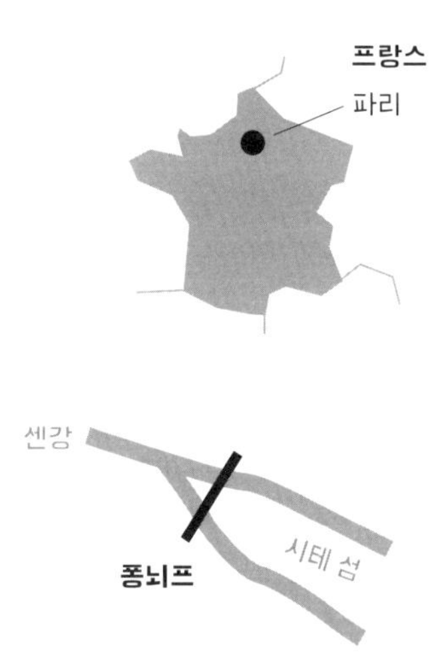

건설되자마자 이 다리는 파리의 중심이 된다. 다리에는 온갖 사람들이 모여드는데 특히 광대, 마술사, 잡상인, 협잡꾼들이 득실거려 파리를 처음 방문하는 사람들의 정신을 홀딱 빼 놓곤 했다. 당시의 인기 거리시인이었던 베르토에 의하면 퐁뇌프는 온갖 "더러운 일의 장인들"이 모이는 "인생극장"이었다.

푸른 하늘에 뭉게구름이 여기저기 떠다니고 도시는 햇빛으로 가득하다. 그림의 중앙 강변에 건물들이 줄지어 서 있고 화면 아래를 넓은 다리가 대각선으로 가로지른다. 다리 위의 보도는 사람들로 빼곡하고 도로에는 마차와 옴니버스가 다니고 있다. 햇빛을 듬뿍 받고 있는 교각의 물가름과 보루 사이로 아치들이 숨어 있다. 길을 메운 사람들의 옷차림이 대부분 검은 색이어서 다리의 푸근한 색조와 대비되고 있으나 그림은 전체적으로 밝고 역동적이다.

이 그림은 프랑스 인상파의 대부 피사로가 죽기 일 년 전에 퐁뇌프의 풍경을

그린 작품이다. 다른 인상파 화가들처럼 그에게도 근대화되어 가는 도시의 풍경은 좋은 소재가 되었다. 두 해쯤 전부터 피사로는 시테 섬에 방을 얻고 창문을 통해 보이는 분주한 도시의 풍경을 화폭에 담는다. 당시 파리는 드레퓌스 간첩 사건으로 유태인에 대한 반감이 높을 때였다. 그래서 유태인이었던 피사로는 바깥출입을 삼가고 대신 건물 창문을 통해 다리를 내려다보며 그림을 그렸던 것 같다. 밝고 푸근한 이 작품은 오랜 실험과 세월 끝에 경지에 이른 장인의 예술성을 느낄 수 있다.

카미유 피사로 Camille Pissarro (1830~1903)는 프랑스 19세기 미술을 풍미한 거장으로 인상주의와 신인상주의에 지대한 영향을 미친 화가다. 나이가 많기도 했지만 지혜롭고도 따듯한 성품으로 인하여 많은 화가들이 그를 형님이나 아버지처럼 따랐다. 앞서 인상주의를 이끌었던 그는 인상주의 화가들뿐 아니라 쇠라, 세잔, 고흐, 고갱 등 주요 후기 인상주의 화가들의 대부라는 평가를 받는다. 피사로는 1874년부터 1886년까지 총 여덟 번에 걸친 인상주의 전시회에 빠짐없이 참가한 유일한 화가이기도 했다.

가장 오래된 다리 퐁뇌프

퐁뇌프는 Pont Neuf 즉 '새 다리'라는 이름에도 불구하고 현재 파리 센강의 다리 중 가장 오래된 다리다. 센강 안에 위치한 시테 섬의 서쪽 끝을 지난다. 따라서 다리는 두 개의 구간으로 나뉘며 좌안 쪽은 다섯 개의 아치로 우안 쪽은 일곱 개의 아치로 구성되어 있다.

시테 섬을 지나는 노트르담 다리의 통행량이 너무 많아지자 1577년 앙리 3세는 이곳에 새 다리를 건설하기로 결정한다.[1] 1578년 첫 돌을 놓고 공사가 시작되었고 이듬해에는 다리 위에 건물을 지을 수 있도록 다리의 폭을 넓히는 설계 변경을 하게 된다. 종교전쟁으로 어수선한 분위기 속에서 1588년 다리 공사가 중단되었다가 앙리 4세가 왕위에 오르고 종교전쟁이 끝난 후인 1599년에 공사가 재개된다. 그리고 결국 1607년에 준공된다. 아래의 그림은 앙리 3세가 승인할 당시의 다리 조감도인데 실제 완공된 다리보다 훨씬 더 장식적임을 볼 수 있다.

1577년 앙리 3세가 승인한 다리의 조감도

당시 건설된 대부분의 다리들처럼 퐁뇌프도 작은 로마식 반원형 아치를 반복하는 석조 아치교다. 그러나 이 다리는 설계 변경 의도와 달리 다리 위에 건물을 세우지 않은 최초의 석조 교량이 된다. 당시 루브르궁을 대폭 증축한 앙리 4세가 궁을 가리지 않도록 다리 위에 집을 짓지 못하게 해버렸기 때문이다. 퐁뇌프가 오늘날까지 살아남게 된 것은 아마도 그 이유 때문이 아니었을까?

다음 그림은 다리가 개통되고 얼마 지나지 않은 1615년의 파리 조감도다.[2]

시테 섬의 끝을 걸치고 있는 '새 다리'가 보인다. 그림의 윗부분이 상류 쪽이다. 좌안 쪽 다리의 아치를 다섯 개가 아니고 네 개만 그려 넣은 것이 좀 특이하다. 다리가 시테 섬을 지나는 곳에 말을 탄 앙리 4세의 동상이 있다. (실제로 동상이 설치된 것은 1618년의 일이다.) 우안 쪽 두 번째 아치 하류 쪽에 보이는 건물은 파리 최초의 기계식 양수 시설이다.[3] 당시 루브르와 튈레리궁에 물을 공급했던 사마리텐 펌프장으로 1813년에 헐린다.

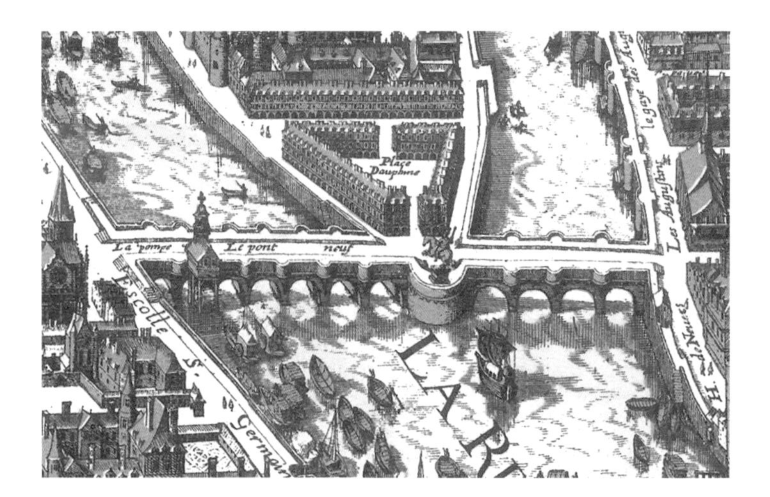

1615년의
파리 조감도 (부분)

더러운 장인들의 인생극장

건설되자마자 이 다리는 파리의 중심이 된다. "좌안에서 우안에서 파리가 모여들었다."[4] 다리에는 온갖 사람들이 모여드는데 특히 광대, 마술사, 잡상인, 협잡꾼들이 득실거려 파리를 처음 방문하는 사람들의 정신을 홀딱 빼 놓곤 했다. 당시의 인기 거리시인이었던 베르토 Berthod에 의하면 퐁뇌프는 온갖 "더러운 일의 장인들"이 모이는 "인생 극장"이었다.[5] 당시 경찰은 다리를 감시하다가 어떤 사람이 사흘간 다리에서 보이지 않으면 그 사람은 파리를 떠난 것으로 판단했다고 할 정도다. 18세기 후반에 들어서야 그 인기가 시들해진다.

영화 〈퐁뇌프의 연인들〉의 한 장면. 둥그런 다리의 보루에서 부랑자 생활을 한다.

퐁뇌프는 파리의 정취와 낭만을 듬뿍 담고 있는 '연인의 다리'다. 프랑스의 천재 감독 까락스 Leos Carax가 연출한 〈퐁뇌프의 연인들〉이라는 영화의 무대이기도 하다. 거리에서 불을 뿜는 묘기로 생계를 꾸려가는 알코올 중독 부랑자 알렉스(드니 라방)와, 시력을 잃어 화가의 꿈을 접어야 하는 가출 소녀 미쉘(줄리엣 비노쉬)이 우연히 만나 보수 작업을 위해 폐쇄된 퐁뇌프에서 노숙하며 위험한 사랑에 빠지게 되는 이야기다. 실제 다리에서 촬영한 부분도 있으나 대부분은 프랑스 남부에 건설한 세트에서 촬영했다.

천에 싸인 퐁뇌프

다음 사진에는 기묘한 느낌의 퐁뇌프가 보인다. 다리에 무슨 짓을 한 것인

가? 이것은 크리스토와 잔 클로드라는 대지 미술가 부부의 1985년 작품으로 퐁뇌프를 천으로 꽁꽁 싸놓은 모습이다.

크리스토와 잔 클로드
〈포장된 퐁뇌프, 파리
1975~1985〉

'환경미술가'라고도 불리는 이들은 계곡이나 해변에 천으로 커튼을 쳐놓기도 하고 유명 건물을 천으로 꽁꽁 싸매는 것으로도 유명한데 그들이 만드는 작품은 일단 규모가 어마어마하게 큰 것이 특징이다. 시각적으로 대단히 인상적이긴 하지만 그 엄청난 스케일 때문에 종종 논란에 휩싸이곤 한다. 그들은 자기들의 작품에 즉각적으로 느끼는 시각적이거나 심미적인 충격 이외에 더 이상 심오한 의미가 숨어 있지는 않다고 말한다. 그들 작품의 의도는 그들의 행위를 통해 즐거움과 아름다움을 창조하고 익숙한 풍경을 다르게 보는 방법을 제공한다는 것이다.

그들이 퐁뇌프를 '포장'한 작품을 보면 나름 숭고한 아름다움이 있어 보는 이를 경악하게 만드는 동시에 심미적인 즐거움을 선사한다. 이 다리가 천에 싸여 있던 2주일간 무려 3백만 명이 다리를 구경했다고 전해진다. 미술 비평가

부르동은 크리스토의 포장 예술을 “감추기를 통한 드러냄”이라고 평했다.[6] 파리에서 가장 오래된 다리이면서 ‘새 다리’이기도 한 퐁뇌프는 이렇게 천으로 꽁꽁 싸여 ‘재발견’되면서 또 하나의 전설이 된다.

1 Pierce, Martin and Jobson, Richard, (2002) Bridge Builders, Wiley-Academy, p. 13.

2 메리앙 지도 http://1626jdr.free.fr/telecharger.php

3 http://fr.wikipedia.org/wiki/Pont_Neuf

4 Whitney, Charles S. (2003) [orig. pub. 1929]. Bridges of the World: Their Design and Construction. Mineola, New York: Dover Publications. 2003, pp. 138-141에서 재인용

5 Berthaud, (1608) La Ville de Paris en Vers Burlesques, Paris. http://gallica.bnf.fr/ark:/12148/bpt6k5463118k/f1.image.r=pont-neuf%20paris.langPT

6 Bourdon, David, (1970) "Christo", Harry N. Abrams Publishers, Inc., New York City. 다음에서 재인용 http://en.wikipedia.org/wiki/Christo_and_Jeanne-Claude

10. 르누아르와 퐁데자르

Renoir and Pont des Arts

오귀스트 르누아르 <파리 퐁데자르>
1867년, 캔버스에 유채, 61 x 100cm
로스앤젤레스 노턴사이먼 미술관

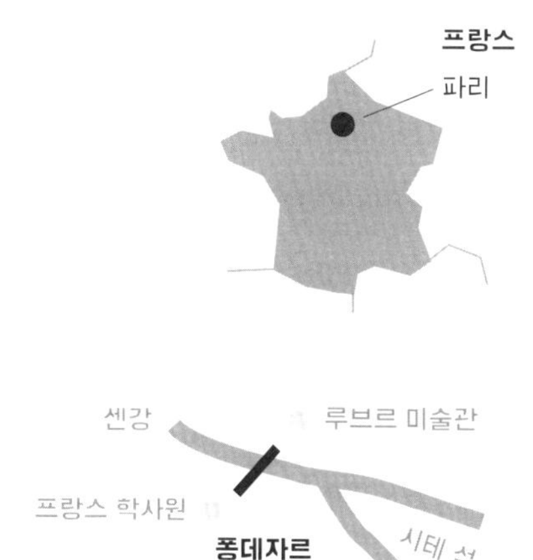

다리를 설계한 드세사르는 공중에 매달린 정원의 분위기를 연출하고자 했다. '예술의 다리'라는 이름은 루브르 미술관의 예전 이름인 '예술의 궁전'에서 유래했다. 프랑스 바로크 스타일 건축의 정수를 보여주는 이 궁전의 남쪽 정문에서 직선으로 연결된 금속 아치 다리가 당시 얼마나 파격이었을지 짐작이 간다.

선착장에 배를 타려는 사람들이 모여들고 있다. 웅장한 건물들이 이루는 스카이라인을 배경으로 선착장 뒤에 서 있는 검은 철골 아치 다리가 퐁데자르다. 그 앙상한 아치는 아래로 살짝 보이는 두툼한 퐁뇌프와 대조를 이룬다. 다리 위로 사람들이 거닐고 있다. 다리의 오른편에 보이는 돔이 있는 건물은 프랑스 학사원이다. 그림에는 보이지 않지만 이 철골 아치교를 왼편으로 건너면 바로 루브르 미술관으로 이어진다.

르누아르는 1867년 파리의 도시 풍경을 파노라마처럼 담아냈는데 이 그림은 당시로선 상당한 파격이었다. 그때는 낭만주의 화풍이 주류를 이루고 있을 때였으므로 도시 풍경을 보이는 그대로 그리는 것을 자연스럽게 받아들이기 어려운 시절이었다. 1867년의 파리는 만국박람회가 열리고 있을 때였다. 유럽의 문화 중심으로 새롭게 떠오른 파리의 아름다움과 현대성을 과시하고 싶었을 것이다. 그래서 당시 수많은 예술가들이 이 새롭게 태어나는 도시에 집중했다.

유럽의 문화 중심으로 도약하다

> "우리에게는 광대한 미개척지를 철거하고, 도로를 개통하고, 항구를 준설해야 하고, 강에 배가 다닐 수 있도록 만들고, 운하와 철도를 완성해야 할 과제가 있다." [1]

1852년 10월 프랑스 제2제정이 시작되기 직전 루이 나폴레옹은 선언했다. 그리고 파리는 칙칙한 중세 도시의 이미지를 벗고 산뜻한 근대 도시로 탈바꿈하기 시작했다. 황제로 즉위한 루이 나폴레옹은 이듬해 오스망 남작을 파리 '센강 지사'로 임명하고 파리 도시재개발을 위임한다.

> "새 도로를 개통하고, 환기가 되지 않고 해가 들지 않는 서민 지역을 열어젖혀, 진리의 빛이 우리의 심장을 밝혀주듯이 도시 성벽 안의 어디에나 햇빛이 뚫고 들어가도록 할 것이다." [2]

오스망은 노동자와 도시 빈민이 거주하던 열악한 주거 지역을 밀어버리고 그 자리에 넓은 도로와 광장을 조성하고 구역을 정비했다. 상수도와 하수도시설도 획기적으로 개선되었다. 케케묵고 불결한 것을 현대적이고 우아한 것으로 대체했다. 오스망의 도시 개조는 변화를 갈구했던 파리지앵의 지지를 이끌어내기 위한 유화정책이기도 했다. 우리가 오늘날 바라보는 파리의 풍경은 그때 만들어진 것이다.

19세기 중엽의
센강과 퐁데자르

위 사진은 19세기 중엽 센강의 풍경이다. 르누아르의 그림과 시점이 흡사하다. 도로에서 부두로 내려오는 램프 ramp의 난간을 보면 르누아르는 이 사진보다 약간 왼편에서 그림을 그렸을 것이다.

사진의 정확한 연도는 알 수 없으나 부두의 공사가 진행 중인 것으로 보아 오스망의 재개발 계획이 지속적으로 추진되면서 만국박람회 준비로 부산하던 1860년대 중반이 아닐까 짐작할 뿐이다. 르누아르는 부두의 정비가 완료된 직후에 그림을 그린 듯하다.

앞서의 르누아르 그림은 그러나 우리에게 익숙한 르누아르의 그림들과는 딴판이다. 부드럽고 화사하게 행복한 순간을 포착한 그의 대표적인 그림들과는 달리 이 그림은 이지적이고 각진 느낌을 준다. 왜 그럴까? 이 그림이 그의 초기작이기 때문일 것이다. 말하자면 그가 '인상주의'의 물이 들기 전인 25세에 그린 것으로 주류 화단의 고전적 화풍을 닮아 있다.

그림이 예쁘면 안 되나?

르누아르 Auguste Renoir (1841~1919)는 도자기로 유명한 프랑스 리모주에서 태어났다. 네 살 때 파리로 이주하였으나 집안이 가난한 양복점이어서 13세부터 도자기 공장에 들어가 도자기에 그림 그리는 일을 했다. 이곳에서 색채를 익힌 것이 평생 화가의 길을 걷는 데 결정적인 역할을 한다. 르누아르는 도자기 공장에서 일하면서 틈틈이 루브르 미술관을 드나들었으며, 이곳에서 부셰와 와토 등 로코코 시대의 프랑스 화가들 작품에서 감명을 받는다. 루브르를 드나들던 르누아르는 이때 퐁데자르를 수도 없이 건너 다녔을 것이다.

1861년, 스무 살이 된 르누아르는 스위스 태생의 글레이르 Gleyre의 아틀리에에 들어가 정식으로 미술을 배우게 되는데, 그곳에서 바지유, 모네, 시슬레 등을 알게 되고 인상주의에 관심을 가지기 시작한다. 이듬해에는 보자르 미술학교에 들어가서 공부하면서 1863년 살롱에 그림을 출품했으나 낙선한다. 그 다음 해에 재도전하여 살롱에 작품을 전시하게 되고 미술계에 이름을 올리지만 물감을 살 돈이 없을 정도로 생활고에 시달린다. 지인들의 도움으로 근근이 생활을 이어갈 뿐이었다.

1874년 제1회 인상파전에 출품한 것을 계기로 2, 3회 인상파전에도 연이어 작품을 출품하여 인상파 화가로서 두각을 나타내기 시작한다. 다음 그림은 이 무렵 학사원과 퐁데자르 주변의 거리 풍경을 그린 작품이다. 우측 건물이 프랑스 학사원의 끝자락이다. 학사원의 돔은 이 건물 뒤편에 있다. 앞서의 그림과는 확연히 달라진 화풍을 볼 수 있다. 색조도 단순해지고 건물의 윤곽도 눈에 띄게 부드러워졌다.

오귀스트 르누아르
〈학사원, 말라케 부두〉
1875년경, 캔버스에 유채
46×56cm, 개인 소장

그러나 1881년부터 이탈리아, 알제리 등을 여행하면서 라파엘로의 작품과 폼페이 벽화에서 강한 영감을 얻은 그의 화풍은 또다시 전기를 맞게 된다. 윤곽선을 강조하고 담백한 색조를 사용하여 다시 고전적인 경향을 띤 그림을 그린다. 르누아르는 결국 인상주의에서 이탈하여 독자적인 작품세계를 만들게 된다. 중산층의 일상을 주제로 삼아 풍부한 색채 표현을 통해 부드럽고 관능적인 뉘앙스를 담아내면서 빛나는 색채주의자로 거듭난다. 그리고 그의 말대로 "예쁜" 그림을 그려 대중에게 가장 사랑 받는 작가로 자리매김한다.

"왜 그림이 예쁘면 안 되나? 세상은 불쾌한 것으로 가득 차 있는데."

예술의 다리

퐁데자르 Pont des Arts 또는 '예술의 다리'는 파리 도심의 센강에서 즉 프랑스 학사원 Institut de France과 루브르 미술관을 연결하는 보행자 전용 다리다. 이 다리는 나폴레옹이 제1통령이던 시절인 1802~1804년에 건설되었다. 아홉 개의 철골 아치로 구성된 다리였다. 영국 세번강에 세계 최초의 금속 다리인 '철 다리 Iron Bridge'가 건설된 지 30년이 채 지나지 않아 센강에 파격적인 금속 다리가 건설된 것이다.

1867년의
루브르궁과 퐁데자르
(호프바우어의 석판화)

다리를 설계한 드세사르 Louis-Alexandre de Cessart는 공중에 매달린 정원의 분위기를 연출하고자 했다. '예술의 다리'라는 이름은 루브르 미술관의 예전 이름인 '예술의 궁전 Palais des Arts'에서 유래한 것이다. 위의 석판화는 르누아르가 앞서의 그림 〈파리 퐁데자르〉를 그릴 당시 루브르궁의 모습이다. 프랑스 바로크 스타일 건축의 정수를 보여주는 이 궁전의 남쪽 정문에서 직선으로 연결된 금속 아치 다리가 당시 얼마나 파격이었을지 짐작이 간다.

그러나 눈엔 설어도 신기술이 신기했을까? 다리가 개통되던 날 무려 6만 5천

명의 시민들이 통행료를 내고 다리를 건넜다고 한다. 그리고 그날 이후 이 다리는 파리에서 가장 낭만적인 다리가 되어 수많은 시인과 화가들에게 영감을 주게 된다.

다리는 두 번의 세계 대전 중의 폭격과 선박과의 잦은 충돌로 인한 손상으로 1977년 폐쇄된다. 엎친 데 덮친 격으로 1979년에는 바지선이 충돌하여 다리의 반가량이 붕괴되어버린다. 현재의 다리는 1981년부터 1984년 사이에 이전의 다리와 "그대로인" 모습으로 재건된 다리다. 단, 바로 옆에 있는 퐁네프와의 조화를 위해 원래 아홉 개였던 아치를 일곱 개로 줄였다.

"더 변할수록 더 그대로인" 다리

강은 생명의 상징이고 다리는 변화의 상징이라던가? 센강에 놓인 다리들은 파리의 삶을 대변한다. "많은 것이 변하지만, 아무것도 변하지 않는" 파리에서 한 가지는 절대 변하지 않을 것이다. 그것은 과거에 대한 향수다. 퐁데자르에 서서 퐁뇌프와 파리 역사의 중심 시테 섬을 바라보며 갖는 낭만적인 느낌만은 변치 않을 것이다.

퐁데자르 위에서
길거리 화가가
고객과 흥정하고 있다.

그래서일까? 일곱 개의 아치 위를 지나는 이 목재 보행로는 사랑하는 연인들의 영역이다. 유혹적인 파리의 하늘과 센강과 그 사이에 있는 모든 것들. 센강의 부두와 유람선들, 강변의 보도에 늘어선 녹색의 헌책방들, 다리 난간에 주렁주렁 매달린 사랑의 자물쇠들, 그리고 멀리 서쪽 하늘의 에펠탑….

이 다리에서 그리 멀지 않은 곳, 학사원 뒤쪽 생-제르맹가의 구석에는 유서 깊은 '레되마고 Les Deux Magots' 카페가 아직도 있다. 사르트르와 드 보부아르가 앉아 몇 시간이고 토론하던 곳. 파리는 그렇게 시간을 초월한다.

퐁데자르에 서 있는
사르트르

오른쪽 사진은 프랑스 출신의 세계적인 사진작가 카르티에 브레송 Henri Cartier-Bresson이 1946년에 찍은 사르트르의 모습이다. 파이프를 물고 자못 심각하게 뭔가를 응시하는 사르트르 뒤로 퐁데자르의 난간이 보이고 그 너머에 프랑스 학사원의 실루엣이 신기루처럼 서 있다.

문명의 다리

"나는 파리의 퐁데자르 위에 서 있다. 강 한편에는 1670년에 대학으로 세운 프랑스 학사원이 서 있고 강 건너편에는 중세로부터 19세기까지 지속적으로 증축된 루브르 미술관이 서 있어 화려하고 웅장한 고전적 건축의 진수를 보여준다. 상류 쪽으로는 가장 사랑스러운 성당은 아닐지 모르지만 모든 고딕 양식을 통틀어 가장 엄격하게 지적인 외관을 가진 노트르담 성당이 살짝 보인다." [3]

예술사가 클라크 Kenneth Clark (1903~1983)는 그가 쓰고 출연한 BBC TV 프로그램과 그를 바탕으로 출판한 저서《문명 Civilization》(1969)에서 이렇게 말했다. 한쪽은 프랑스 한림원 Académie Française을 비롯한 다섯 개의 한림원과 천 개에 가까운 재단을 거느리고 있는 지식의 보고다. 다른 한쪽은 인류의 문화유산을 가득 담고 있는 루브르 미술관이 아닌가. 또 멀리 끝이 살짝 보이는 노트르담은 종교의 성지다. 건축물에 대해서 얘기하고 있지만 실상은 건축물이 담고 있는 "문명"에 대해 말하고 있는 듯하다.

"문명이란 무엇인가? 나는 모르겠다. 추상적인 어휘로 정의할 수 없다. 아직은. 그러나 그것을 보면 알 수 있다고 생각한다. 그리고 나는 지금 그것을 보고 있다!"

프랑스 속담처럼 "더 변할수록, 더 그대로인 plus ça change, plus c'est la même chose" 파리는 그렇게 있다. 그리고 퐁데자르는 그 한가운데에 더 변할수록 더 그대로인 채로 서 있다.

1 데이비드 하비,《파리: 모더니티》, 김병화 옮김, 생각의 나무, 2005, p. 161

2 같은 책 p. 159

3 http://en.wikipedia.org/wiki/Pont_des_Arts 에서 인용된 것을 옮김

11. 모네와 아르장퇴이 철도교

Monet and Argenteuil Railway Bridge

클로드 모네 <아르장퇴이의 철도교>
1873년, 캔버스에 유채, 60 x 98.4cm
개인 소장

"기차와 다리는 산업화의 투박함과 함께 풍경 속을 내지른다. 화폭을 둘로 가르는 다리는 아르장퇴이에 산업화가 침투했음을 그리고 산업화의 중요성을 웅변하고 있다."

강을 거침없이 가로지르는 다리 위에서 두 대의 기차가 엇갈리고 있다. 왼편으로 마을을 향해 들어오는 기차는 속력을 줄이고 있다. 파리를 향해 막 출발한 또 한 대의 기차는 속력을 높이고 있는 듯 기관차가 뭉텅뭉텅 연기를 뿜어내고 있다. 조용한 전원의 공기를 가르는 기차들의 굉음이 들릴 듯하다. 교각 사이로 요트 두 대가 강물 위를 미끄러져 오고 있고 강변에 서 있는 두 사람은 바뀌어가는 전원의 모습에 대해 대화를 나누고 있을 것이다.

이 그림은 인상파의 대가 클로드 모네 Claude Monet (1840~1926)가 1873년에 그린 〈아르장퇴이의 철도교〉라는 작품이다. 아르장퇴이는 센강을 따라 파리의 북서쪽으로 12km 정도 떨어진 근교 지역으로 당시 부유한 파리지앵들이 뱃놀이를 즐기던 휴양지였다. 당시 새롭게 철도가 개통되어 여행이 수월하게 된 때문이었다.

> "철도는 머지않은 장래에 어떤 산업들은 영원히 사라지게 만들고 몇 가지 다른 산업들은 변화시킬 것인데, 특히 파리 주변에서 이용되는 여러 교통수단과 관련된 산업들이 그렇게 될 것이다. 따라서 이 장면을 구성하는 인물들과 사물들은 곧 고고학적 작업의 특성을 갖게 될 것이다.[1]

발자크 Honoré de Balzac (1799~1850)는 그의 소설 《인생의 출발 Un début dans la vie》을 이렇게 시작한다. 철도에 의해서 밀려날 운명에 처한 '뻐꾸기' 마차에 대한 이야기다. '뻐꾸기 Coucou'란 18세기 후반에 등장하여 19세기 중반까지 파리 외곽과 도심을 연결해주던 6~8인승 마차를 가리킨다. 노란 마차가 달릴 때 내는 삐걱거리는 소리가 뻐꾸기 소리 같아서 그런 별명이 붙었다고 한다. 뻐꾸기를 밀어내고 등장한 18인승 쌍두마차 '옴니버스 Omnibus'도 곧바로 철도에 자리를 내주게 된다. 비좁은 마차에서 불편을 겪던 승객들은 이제 편안한 객실에 앉아서 창밖의 그림 같은 풍경을 구경할 수 있게 된 것이다.

모네의 그림은 이제 경계마저 사라져버린 파리와 근교의 풍경을 보여준다. 기차가 달려가는 풍경은 더 이상 '전원'이라는 것이 존재할 수 없다는 역설적 현실을 보여주는 것이다. 기차는 산업화와 공존하면서도 갈등할 수밖에 없는 파리지앵의 모순을 상징하기도 한다.[2] 파리 근교로 쉽고 빠르게 이동할 수 있는 편리함과 이로 인해 상실해가는 전원에 대한 향수를 동시에 내포하고 있는 것이다. 모네의 그림이 보여주고 있는 것도 그런 이중적인 태도와 관련이 있을 것이다.

클로드 모네
〈아르장퇴이의 철도역〉
1872년, 캔버스에 유채
47.5×71cm, 퐁투아즈 미술관

보불전쟁(1870~1871)을 피해 런던에 머물다 1871년 프랑스로 돌아온 모네는 그 해 12월 거처를 이곳 아르장퇴이에 마련하고 7년 동안 살면서 많은 걸작을 남기게 된다. 이곳은 모네 이외에도 많은 인상파 화가들이 근처에 집을 얻거나 기차를 타고 와서 야외에서 그림을 그리던 곳이다. 그들은 이곳에서 '야외 스케치'에서 한 발 더 나아가 '야외에서 직접 그리는 Au Plein Air' 모험을 감행했다. 다리 그림을 그리기 한 해 전 모네는 아르장퇴이의 기차역을 화폭에 담아두었다.

전원에 침투한 파격의 다리

이곳 아르장퇴이에는 폭 200m 정도의 센강을 건너는 다리가 두 개였다. 그림의 철도교에서 바로 수백 미터 하류 지점에 도로교가 있었다. 1832년에 건설된 이 도로교는 석재 교각에 나무를 사용한 아치교[3]로 사람과 마차가 오갈 수 있고 전원 마을의 모습과 어울리는 전통적인 다리였다.

그러나 1863년에 건설된 철도교는 도로교와 달리 산업화와 기술 혁신의 상징이었다. 콘크리트와 철로 이루어진 이 다리는 장식적인 요소가 전혀 없는 기능 위주의 디자인으로 지어졌다. 네 쌍의 원통형 콘크리트 교각이 ㄷ자형의 금속 거더를 떠받치고 있는 형태다. 이 두 다리는 당시 산업과 자연, 일과 여가, 도시와 전원, 새 것과 낡은 것에 대한 시각적인 대비를 극명하게 보여주었다.

당시의 그림엽서.
흥미롭게도 모네의 그림과 구도가 흡사하다.

오늘날 보았다면 그저 평범한 철도교였을 뿐이었겠지만, 이 다리는 로코코 스타일의 장식적 미학에 익숙했던 당시 사람들이 보기에 상당히 파격적인 구조물이었을 것이다. 1863년 이 다리가 개통되자 한편에서는 대담하고 현대적인 디자인에 찬사를 보내기도 했다. 하지만 많은 사람들이 주변의 경관과 전혀 조화를 이룰 수 없는 "산업적" 디자인이라면서 혹평을 쏟아내었다.

당시 〈아르장퇴이 저널〉의 편집인은 "눈에 거슬리는 철의 벽"을 쌓았으며 다리는 "지붕 없는 터널"이라고 개탄했다. 또 한편에서는 프랑스의 우아한 전통에서 벗어난 이 다리의 미관을 개선하기 위해 "교각은 부조로 꾸민 주두

capital를 씌우고, 교량의 상부 구조에는 주철 장식을 붙여 이 끝없는 직선을 바꿔놓았어야 했다"라고 주장하기도 했다.[4]

프랑스인의 손으로 폭파된 다리

이 다리는 건설된 지 7년 만에 수난을 겪는다. 보불전쟁 중 후퇴하던 프랑스 군인들이 프러시아 군대의 파리 진입을 막기 위해 다리를 폭파해버린 것이다. 다음 사진은 상판이 처참하게 구겨져 강에 처박혀 있고 콘크리트 교각만 우두커니 서 있는 다리의 모습을 보여준다. 당시 프랑스 최고의 사진작가였던 아돌프 브라운 Adolphe Braun (1811~1877)이 찍은 것이다.

전쟁으로 파괴된 아르장퇴이 다리

전쟁이 끝나고 모네가 아르장퇴이에 도착했을 때 이 다리는 복구 중이었다. 그는 일 년 이상을 기다려 1873년에 복구를 마친 새 다리를 그렸다. 치욕적인 패전 후 다시 살아나는 조국 프랑스의 활기찬 재건의 기운에 대한 희망과 기대감을 표현한 것이다.[5] 다른 인상파 화가들과 달리 산업과 기술의 발전에 대한 그의 긍정적 사고를 엿볼 수 있는 대목이기도 하다.

현재의 아르장퇴이 철도교

다음 사진은 현재의 아르장퇴이 철도교이다. 모네의 그림에서 본 철도교를 증축한 다리다. 트러스 형태로 바뀐 모습을 볼 수 있다. 그 다리 바로 뒤로 새로 건설한 제2철도교가 보인다. 파리의 생 라자르 역을 출발한 산뜻한 색의 기차가 다리 위를 힘차게 지나가고 있다. 물론 전기 기관차로 바뀐 지 오래되었기 때문에 모네 시절의 기차와 달리 연기도 증기도 내뿜지 않고 미끄러지듯 달리고 있다.

현재의
아르장퇴이 철도교

세상에서 가장 비싼 다리

현대 공학 기술의 개가를 솔직하고 당당하게 표현하고 있는 모네의 처음 그림으로 다시 돌아가보자. 햇빛으로 번쩍이는 센강 위에 우뚝 솟아 있는 다리는 거침없이 강을 가로지르며 대담하게 풍경을 지배하고 있다. 파란 여름 하늘을 배경으로 윤곽을 드러낸 다리는 이미 길쭉한 화폭을 무한히 확장하는 듯 전원 도시 아르장퇴이의 지평선을 새롭게 정의하고 있다.

모네는 주변의 자연 환경을 과감히 생략하여 시선이 다리에만 모이도록 하고 있다. 잎새가 우거진 우측 강변은 잘려나갔고 멀리 강 건너 불꽃 모양의 나무들도 보일 듯 말 듯 교각 사이에 갇혀 있다. 어떤 자연적 요소들도 직선으로 쭉 뻗은 다리를 방해하지 못하고 있다.

> "신기술의 산물인 다리는 강을 가로질러 미래를 향한 새로운 희망인 기차를 나른다. 매끈한 다리와 길게 꼬리를 문 연기는 기차의 속도를 강조하고 있다. 다리 가까이에 자리 잡은 모네는 밋밋한 교각과 원초적이고 장식이 전혀 없는 상부 구조를 대담하고 간명하게 표현하고 있다. 콘크리트 교각과 철로 만든 벽은 오후의 태양에 번쩍이고 있다."

모네 전문가인 미술사학자 터커 Paul H. Tucker (1950~)의 저서 《아르장퇴이의 모네》는 이렇게 이야기하고 있다.[6]

> "기차와 다리는 산업화의 투박함과 함께 풍경 속을 내지른다. 화폭을 둘로 가르는 다리는 아르장퇴이에 산업화가 침투했음을 그리고 산업화의 중요성을 웅변하고 있다."

모네는 1873~1874년 사이에 이 철도교를 주제로 다섯 점의 그림을 남겼는데, 이 그림은 이 중 가장 먼저 그린 그림이자, 크기도 가장 크고, 구도도 가장 대담한 작품이다. 모네 이전의 누구도 19세기 기술 발전의 상징인 철도교를 이렇게 도발적이고 대담하게 표현한 화가는 없었다. 그래서일까? 놀랍게도 이 그림은 지난 2008년 5월 뉴욕 크리스티 경매에서 무려 4천 148만 달러에

낙찰되면서 모네 그림으로는 당시까지의 최고가 기록을 경신하게 된다. 불과 1m도 채 안 되는 다리가 우리 돈으로 500억 원이라면 세상에서 가장 비싼 다리가 아닌가!

1 Honore de Balzac, "A Start in Life," trans. Katharine P. Wormeley, The Electronic Classics Series Publication, Pennsylvania State University, Hazelton, Pennsylvania.
http://www2.hn.psu.edu/faculty/jmanis/Balzac/Start-Life6x9.pdf

2 이택광, 《인상파, 파리를 그리다》, 아트북스, 2011, pp. 41-42

3 19세기 프랑스 다리에 관한 정보 http://www.art-et-histoire.com/

4 Paul H. Tucker, Claude Monet: Life and Art, Yale University Press, New Haven and London, 1995, pp. 71-73

5 John House, "Claude Monet's Le Pont du chemin de fer a Argenteuil," Christie's Lot Notes, 2008.
http://www.christies.com/lotfinder/paintings/claude-monet-le-pont-du-chemin-de-5075584-details.aspx

6 Paul H. Tucker, Monet at Argenteuil, Yale University Press, New Haven and London, 1982, pp. 70-76

12. **시슬레와 빌뇌브 라 가렌느 다리**

Sisley and Pont de Villeneuve-la-Garenne

알프레드 시슬레 <빌뇌브 라 가렌느의 다리>
1872년, 캔버스에 유채, 49.5 x 65.4cm
뉴욕 메트로폴리탄 미술관

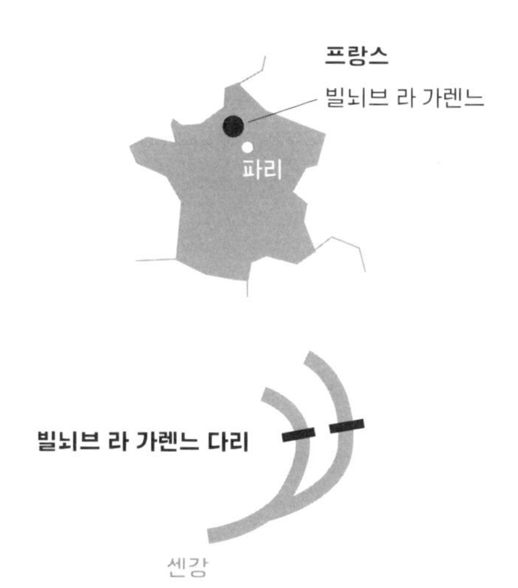

당시의 첨단기술로 건설된 현수교는 현대성의 상징이었다. 1870~80년대 인상파 화가들이 주목했고 즐겨 그림의 소재로 삼았던 대상이었으며 20세기 초까지 많은 화가들에게 영감을 주던 구조물이었다. 시슬레도 전원의 풍경 속으로 비집고 들어서는 새로운 다리들을 주목하고 화폭에 즐겨 담았다.

이 그림은 인상파 화가 시슬레가 1872년 여름에 그린 〈빌뇌브 라 가렌느의 다리〉 라는 작품이다.[1] 한여름 오후 파리 근교 센강가의 조그만 마을을 이어주는 다리 주변의 풍경을 그린 그림이다. 파란 하늘엔 조각구름이 군데군데 뭉쳐 있고 강물은 파란 하늘이 반사되어 영롱하게 반짝이고 있다. 시슬레는 서로 다른 색을 평평하고 사각형에 가까운 붓 스트로크를 사용하여 강물에 비친 파란 하늘을 아름답게 표현해내고 있다. 다리 근처에 배 여러 척이 한 가로이 정박해 있다. 따가운 햇살을 피하려는 듯 물 위에 떠 있는 조각배가 다리 아래 그늘에 숨어 있고 강둑의 그늘진 곳에도 젊은 남녀가 앉아 사랑을 속삭이는 듯 보인다. 화면 왼편의 현수교를 제외하면 그리 특별할 것도 없는 지극히 따사롭고 평화로운 시골 풍경이다.

왼쪽에서 시작한 다리가 화면을 대각선으로 가로질러 건너편 언덕 위의 길로 비스듬히 이어지고 있다. 돌을 쌓아 만든 교각 위로 주철로 만든 검은 기둥이 놓여 있고 맞은 편 교대 위의 철 기둥과 연결된 케이블이 늘어져 있다. 왼편 주탑에서 늘어뜨려진 현수 케이블이 만드는 부드러운 곡선이 강 건너편 둑방길로 이어지면서 그림에 안정감을 부여하고 있다.

그의 초기 작품이라 그런지 그림이 신선하고 화사하다. 정감 가는 파리 근교의 정경을 "수채화처럼 맑고 투명한 효과"[2]를 통해 화폭에 잘 담아내고 있다. 눈부시게 아름답고 서정적인 이 그림은 특히 구도의 짜임새뿐 아니라 색채의 조화도 뛰어나서 그의 대표작으로 손꼽을 만하다.

그런데 한가로운 조그만 어촌에 웬 현대식 현수교가 있을까?

프랑스 현수교의 대부가 건설한 다리

파리의 북서쪽에 위치한 빌뇌브 라 가렌느는 원래 고기 잡는 일을 생업으로 삼고 있던 조그만 마을이었다. 1844년 파리 외곽의 생-드니와 이 마을을 연결하기 위해 센강에 두 개의 현수교가 건설되었다. (센강 가운데에 있던 섬 양측으로 두 개의 다리가 직렬로 건설된 것이다.) 마을 중앙으로 연결되는 이 다리는 당시 잘나가던 현수교 기술자 세겡이 설계하고 주철과 석재를 사용하여 건설되었다. 그리고 2년 후에는 파리-생 드니 간 철도가 건설되었다.

시슬레 그림에 등장하는 빌뇌브 현수교와 마을의 모습

이 다리를 설계하고 건설한 마르크 세겡 Marc Seguin (1786~1875)은 프랑스의 기술자이자, 발명가, 사업가였다. 세겡은 유럽 대륙 최초의 현수교를 개발한 교량 기술자다. 영국에서 개발된 아이바 eyebar 체인 케이블이 아니라 오늘날 사용하는 것과 유사한 철선 케이블을 이용한 현수교를 개발했다. 그는 또한 유능한 사업가이기도 했다. 그는 형제들과 함께 교량 회사를 만들어 프랑스 전역에서 무려 200개에 가까운 교량을 건설하고 운영했다. '프랑스 현수교의 대부'라 부를 만하다.

현수교(생 드니 쪽)의 디테일. 상판은 목재로 건설되었다.

그는 또한 발명가로서 철도를 위한 증기기관차를 발명하기도 했다. 증기 기관의 성능을 대폭 향상시켜 시속 4마일이던 기차의 속도를 25마일로 개선하였고, 이로써 철도의 효용성이 대폭 향상되었다. 1845년에는 프랑스 과학 아카데미 회원으로 선출되었고 레종 도뇌르 작위를 받기도 했다. 흥미로운 것은 교량 기술자이던 에펠이 롤모델로 삼았던 인물이었던지 에펠탑에 새겨넣은 프랑스의 저명 과학자와 기술자 72인 중 한 사람이라는 점이다.

관광이라는 새로운 산업의 대두

다리가 생겨나자 고립되어 있던 시골 마을이 빠르게 변화하기 시작했다. 시슬레의 그림으로부터 당시 빌뇌브의 지역 경제에 대한 정보를 얻을 수 있다. 교각 바로 옆에 있는 녹색 배는 곧 하류를 향해 출발하려는 듯 보이는데 이 배에는 검은 제복을 입은 선원이 서 있고 밀짚모자를 쓴 두 명의 여인이 앉아 있는 것을 볼 수 있다. 이 두 여인이 강을 유람하기 위해 배를 임대했다는 사실을 짐작할 수 있다. 이는 또한 빌뇌브 마을에 (센 강 주변의 다른 마을의 경우와 마찬가지로) 파리에서 온 여유 있는 관광객들을 위해 유람선을 대여해주는 중개업소가 생겨난 것을 시사한다.[3]

강변 다리 아래 그늘에 앉아 있는 사람들도 파리에서 여가를 즐기기 위해 온 사람들일 것이다. 유람선을 기다리고 있는지도 모른다. 이렇게 '새 마을' 빌뇌브가 새로운 여가를 위한 휴양지로 거듭나게 된 이면에 이 위풍당당한 현수교의 존재감이 자리하고 있다.

풍경화만을 고집한 인상파 화가

당시의 첨단기술로 건설된 현수교는 현대성의 상징이었다. 1870~80년대 인상파 화가들이 주목했고 즐겨 그림의 소재로 삼았던 대상이었으며 20세기 초까지 많은 화가들에게 영감을 주던 구조물이었다. 이곳에서 그리 멀지 않은 루브시엔 Louveciennes이라는 마을에 살던 시슬레도 그중 하나였다. 앞서의 그림을 그리기 전인 1872년 봄 시슬레는 이 현수교를 화폭에 담았다.

알프레드 시슬레
〈빌뇌브 라 가렌느의 다리〉
1872년, 캔버스에 유채
51.8×61cm
매사추세츠 포그 미술관

이 그림에서는 시슬레가 다리를 멀리서 바라보고 있다. 그래서 앞서의 그림보다 다리의 존재감은 떨어지고 덜 드라마틱하지만 그림의 분위기는 더욱 목가적이다. 화면의 반 이상이 하늘이고 하늘 가득 뭉게구름이다. 봄날 늦은 오후의 풍경인 듯 화면 전체가 파스텔 색조로 차분히 가라앉아 있다. 강변에는 작은 배들이 정박해 있고 강둑에는 여기저기 사람들이 서서 강을 바라보고 있다. 강둑을 따라 한가로운 풍경 속으로 한 여인이 걷고 있다. 멀리 보이는 현수교 위에는 행인들과 마차가 하늘을 배경으로 걸쳐 있다.

알프레드 시슬레 Alfred Sisley (1839~1899)는 영국인으로 프랑스에서 활동한 인상파 풍경화가다. 영국계 부모를 둔 시슬레는 프랑스에서 태어나 생의 대부분을 프랑스에서 보냈다. 물론 보불전쟁 때는 부모의 고향 땅으로 돌아와 시끄러운 나라 상황을 적당히 피하고 살기도 했지만, 전후 다시 프랑스로 돌아와 파리에서 가까운 지방을 돌며 아름다운 전원 풍경을 부지런히 화폭에 담았다.

그는 인상파 중에서 가장 성공적인 작가는 아니었을지 몰라도 가장 꾸준한 화가였다. 당시 유행했던 인물화는 그의 예술적 취향을 만족시키지 못했으므로 그는 한눈팔지 않고 풍경화만을 고집했다. 수채화가 표현하듯이 맑고 투명한 느낌을 유화로 표현하면서 프랑스 전원의 풍경을 그만의 독특한 서정성과 함께 화폭에 빼곡히 담아냈다.

가장 불행했던 화가 시슬레

모네, 르누아르, 바지유의 친구로서 시슬레는 인상파의 기치를 세운 오리지널 그룹에 속했다. 부유한 집안 출신이었으므로 초기에는 경제적 어려움이 전혀 없었다. 그러나 1871년 무렵 아버지의 사업이 실패하자 가난과의 피할 수 없는 싸움을 시작하게 되었다. 시슬레는 인상파 중에서도 섬세하고 시적인 정서를 잘 전달하는 화가로 정평을 얻었지만 그림이 잘 팔린 화가는 아니었다.

> "우리는 많은 시슬레의 그림들을 알고 있다. 그러나 우리는 그에 대해 아는 것이 별로 없다. 그는 가장 위대한 인상파 화가 중 하나지만 또한 가장 몰이해되는 화가이

기도 했다."[4]

인상파 화가들 중 가장 불행한 삶을 살은 화가가 시슬레였다고 해도 결코 과장은 아닐 것이다. 그렇게도 가난에 쪼들리면서도 다른 인상파 화가와 달리 순수하게 풍경화에만 매달렸다. 인상주의에 가장 충실했던 시슬레는 어느 미술사학자의 말대로 "완벽한 인상주의 회화의 교과서적인 생각을 갖고 있던" 화가였다.[5] 그러나 인정을 받고 싶어도 죽기 전에는 끝내 인정받지 못했다. 그리고 그는 1899년 가난 속에서 암으로 세상을 떠났다. 암에 걸린 아내를 간호하다 자신도 식도암에 걸린 것을 알게 되지만 가난에 지친 그를 치료할 방도는 없었던 것이다.

> "모네보다 기교가 좀 부족하고 르누아르보다 화려함이 좀 덜할지는 몰라도 시슬레는 나무 가지 위에서 대기가 순환하도록 만들 수 있는 재능을 가지고 있다. 그의 그림은 온전한 인상에 대한 진솔한 증언이다."

시슬레가 세상을 떠난 뒤 미술평론지에 게재된 시슬레의 추도사에서 시인이자 미술평론가인 쥴리앙 르클러크는 이렇게 말했다.[6] 시슬레는 많은 예술가들이 그렇듯 결국 죽고 나서야 인정을 받게 된다.

자연과 조응하는 시슬레의 다리

시슬레에게 다리는 무엇이었을까? 당시의 첨단기술로 건설된 다리는 현대성의 상징이었고 모네, 피사로, 카유보트 등 인상파 화가들이 즐겨 소재로 삼았던 대상이었다. 시슬레도 전원의 풍경 속으로 비집고 들어서는 새로운 다리들을 주목하고 화폭에 즐겨 담았다. 실제로 앞서의 작품들을 그린 해인 1872년 시슬레는 모네와 나란히 아르장퇴이에 새로 지은 도로교를 그린 적도 있다. 그러나 시슬레의 다리는 모네의 〈아르장퇴이 철도교〉(1874년)[7] 처럼 전원 풍경을 압도해버리는 그런 다리가 아니다. 〈빌뇌브 라 가렌느 다리〉에서 보듯 시슬레의 다리는 현대성을 기념하면서도 자연과 조화를 이루는 그런 다리다.

현수교가 서 있던 곳에
세워진 현재의 다리

이제는 모든 것이 사라져버렸다. 다리며 마을이며 조각배와 사람들까지. 지금은 이 일대가 가난한 이민자들로 바글거리는 슬럼이 되어버렸다. 위 사진은 시슬레의 현수교가 있던 곳에 1903년 새로 세워진 철제 아치교다. 높은 공동주택들이 들어선 주변의 풍경도 삭막해졌다. 그래도 하늘은 같은 하늘일 것인가. 작렬하는 여름 햇볕 아래 시슬레의 풍경 속에 서 있던 현수교의 인상이 어른거린다.

"세잔의 그림이 화가의 한순간이라면, 시슬레의 그림은 자연의 한순간이다."

마티스가 한 말이다.[8] 시슬레의 그림에선 다리도 그저 자연의 일부일 뿐이다.

1 http://www.metmuseum.org/Collections/search-the-collections/110002133

2 Salinger, Margaretta M. "Windows Open to Nature." The Metropolitan Museum of Art Bulletin, v. 27, No. 1 (Summer 1968)

3 Stevens, Mary, ed., Alfred Sisley, Yale University Press, New Haven, 1992, p. 110

4 위의 책 p. 35에서 재인용
미술사학자 Lionello Venturi 가 1939년 출판한《Les Archives de l'Impressionisme》에서 한 말이다.

5 http://en.wikipedia.org/wiki/Alfred_Sisley 에서 재인용. Rosenblum, Robert, Paintings in the Musee d'Orsay, Stewart, Tabori & Chang, New York, 1989, pp. 306

6 Stevens 의 책 p. 77에서 재인용. 르클러크는 1890년 고흐의 추도문을 발표했으며 1901년에 개최된 최초의 고흐 회고전을 기획했다.

7 이 책의 11장 '모네와 아르장퇴이 철도교'를 참조하기 바란다.

8 Stevens 의 책 p. 5 에서 재인용

13. 시냑과 아비뇽 다리

Signac and Pont d'Avignon

폴 시냑 <아비뇽의 교황궁>
1900년, 캔버스에 유채, 91.9 x 73.3cm
파리 오르세 미술관

이 다리는 당시 전략적으로 매우 중요한 곳이 되었을 것이다. 아비뇽은 1309년부터 1377년까지 교황이 살던 곳이다. 강의 한쪽은 교황이 다른 한쪽은 프랑스 국왕이 지배를 하는 지역이었으므로, 다리 양쪽 끝에 성곽을 세우고 병사들이 지키고 있었다.

프랑스의 후기 인상주의 화가 폴 시냑 Paul Signac (1863~1935)이 프랑스 남부 아비뇽의 교황궁과 주변 론강의 풍광을 그린 작품이다. 강가에서 햇볕을 듬뿍 받고 있는 아비뇽의 교황궁 건물이 숲 너머로 우뚝 솟아 있고 건물과 숲의 그림자가 푸른 강물 위로 어른거리고 있다. 강에 띄운 배 위에서 그린 듯 높이가 다소 과장되게 그려진 건물 위로 구름인 듯 강물이 하늘에 비친 듯 부드러운 색의 향연이 펼쳐지고 있다. 짧은 붓 스트로크를 사용하여 모자이크 분위기를 자아내는 이 그림은 마치 크레용으로 그린 듯 따듯하고 화려한 색상으로 아비뇽의 풍경을 몽환적으로 그려내고 있다. 그림 왼쪽 편에 끊긴 아치 다리가 하나 보인다. 실제 아치는 네 개인데 좌측 아치 한 개를 생략해버렸다. 끊긴 다리를 보여주기 위해 그림의 구도상 그렇게 했을 것이다.

신인상주의의 기수

시냑은 파리에서 태어났으며 건축 공부를 하다가 17세에 모네의 작품을 보고 감동하여 화가가 될 뜻을 세운다. 정식 미술교육을 받지는 않았으나 마네, 모네, 드가 등의 그림을 보고 인상파의 화풍을 익힌다. 1884년 제1회 앙데팡당 전시회에 창립멤버로 참여하면서 그때 만난 쇠라 Seurat와 함께 색채의 동시대비 이론과 기법을 함께 연구하고 그 성과를 1886년 인상파 최후의 전시회에 발표함으로써 신인상주의의 기치를 내건다.

그의 작품은 쇠라처럼 작은 점을 사용한 과학적 점묘주의로 출발하지만 나중에는 보다 큰 사각형 점을 이용한 모자이크 풍의 묘사법으로 진화한다. 이지적인 쇠라와 달리 그의 작품은 자유로운 구성과 따뜻한 색채를 사용하여 보다 세속적인 활기를 느끼게 한다.

시냑은 대부분 풍경화에만 전념했는데 특히 프랑스 여러 항구의 그림을 비롯해 각국의 바다 풍경을 담은 작품을 많이 남겼다. 왜냐하면 그 자신이 뛰어난 뱃사람이었기 때문이다. 스스로 요트를 몰고 각지를 여행하면서 생동감 있게 수채화로 스케치를 하고는 화실로 돌아와 특유의 모자이크식 기법을 활용하여 큰 유화를 제작했다. 위의 그림도 그의 요트 위에서 시작되었을 것이다.

혁신적인 중세 다리

그림에서 본 끊긴 다리가 '아비뇽 다리'다. 프랑스 남부 아비뇽에서 론 Rhone 강을 가로지르던 중세의 교량으로 공식 명칭은 성 베네제 Saint Bénézet 다리다. 건설 당시 길이가 약 900m로 전무후무한 규모를 자랑하던 교량으로 1178년에 공사를 시작한 후 불과 10년 만에 완성되었다.[1] 건설 당시 이 다리는 21개의 아치로 구성되어 있었다. 1575년경에 출판된 아비뇽 지도(아래 그림 참조)를 보면 21개의 아치가 분명하게 그려져 있다.

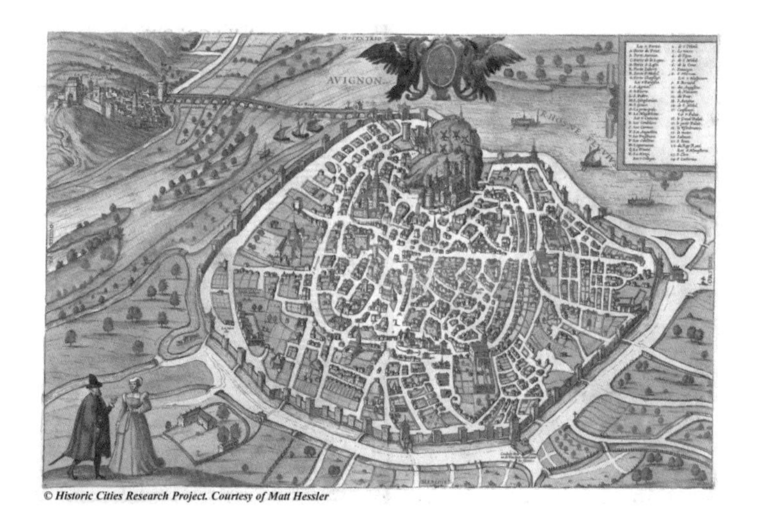

1575년경 아비뇽 지도

암흑기를 거치면서 이렇다 할 교량 기술의 진보가 없던 중 이 다리의 건설은 여러모로 획기적인 사건이었다. 중세의 교량 기술자가 드디어 로마 시대의 걸작과 어깨를 나란히 할 수 있는 다리를 건설한 것이다. 당시로서는 매우 혁신적인 공법으로 최대 경간이 35m나 되는 아치교를 건설함으로써 그때까지의 로마식 반원형 아치교를 단숨에 훌쩍 뛰어넘어 버린 것이다.

다음 그림은 다리의 상세를 보여주는 그림으로 아치의 형태가 긴 축이 수직 방향인 타원형임을 볼 수 있다. 또한 그 당시 아치교 파괴의 주범이었던 세굴을 줄이기 위해 교량의 폭에 비해 무려 여섯 배 이상 긴 교각 물가름을 상류와 하류 양쪽에 설치한 것을 볼 수 있다.

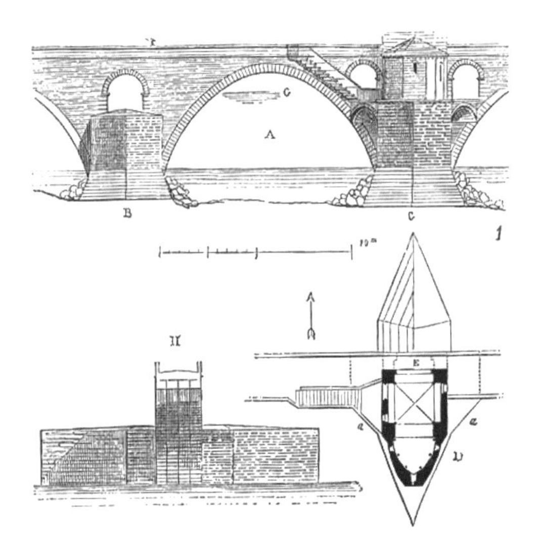

다리의 상세.
아치의 형태가 긴 축이
수직 방향인 타원형이다.

"지팡이를 들고 아비뇽 강가로 가라"

이 다리에도 전설이 있다. 전설에 의하면 1178년 '작은 베누아'라는 양치기 소년이 천사의 계시를 받게 되면서 다리 건설이 시작된다. 다리를 세우라는 계시를 받고도 반신반의하던 소년에게 천사가 다시 나타난다.

> "베누아야, 지팡이를 들고 아비뇽 강가로 가라. 가서 만나는 사람들에게 다리를 건설해야 한다고 말해라."

처음엔 사람들이 베누아를 믿지 않고 조롱한다. 그러다가 바위를 강으로 옮겨보라는 시험을 받게 되는데, 소년은 조금도 망설임 없이 나서서 많은 사람들이 보는 앞에서 바위를 어깨에 걸머지고 강으로 나아가 던져버린다. 신의 기적을 증명해 보이자 드디어 후원자들이 나서게 되고 스스로 '교량 형제단' Bridge Brotherhood을 결성하게 되면서 본격적으로 다리의 건설이 시작된다. 베누아는 죽은 후에 성 베네제의 칭호를 받게 되고 다리 위에 세운 조그만 생-니콜라스 교회 안에 묻혀 있다. 중세로부터 전해오는 이 전설과 달리 베누아는 아마도 이 다리의 건설을 주도한 혁신적인 교량 기술자였을 것이다.

현재의 아비뇽 다리와
성 니콜라스 교회

이러한 전설이 있는 것은 아마도 이 넓고 물살이 거친 강에 다리를 놓는 것이 당시로서는 상상할 수 없을 만큼 힘든 일이었기 때문일 것이다. 이 다리가 건설되기 전까지 프랑스 중부의 리용과 지중해 사이에 다리가 하나도 없었다고 하니 그럴 만도 하다. 따라서 이 다리는 당시 전략적으로 매우 중요한 곳이 되었을 것이다.

아비뇽은 '아비뇽 유수'[2]에 의해 1309년부터 1377년까지 교황이 살던 곳이다. 강의 한쪽은 교황이 다른 한쪽은 프랑스 국왕이 지배를 하는 지역이었으므로 다리 양쪽 끝에 성곽을 세우고 병사들이 지키고 있었다. 지금도 아비뇽 측 다리 끝에는 당시의 성곽과 도개교가 남아 있다. 아비뇽은 1791년까지 교황청에 소속되어 있다가 프랑스 혁명기에 프랑스 영토로 귀속된다.

아비뇽 다리 위에서

공학적으로 혁신적인 교량이었음에도 불구하고 아비뇽 다리는 결국 살아남지 못한다. 홍수와 전쟁으로 인한 피해가 빈번하여 유실과 보수를 반복하다가 1668년 대홍수로 인해 큰 피해를 입자 그 이후로는 더 이상 보수하지 않고 방치하게 된다. 대홍수에 살아남았던 아치도 하나 둘 파괴되어 지금은 21개 중 4개의 아치만이 덩그러니 남아 있게 되었다.

그러나 이 아무데도 갈 수 없는 다리는 동요 하나로 영생을 얻는다. 〈아비뇽 다리 위에서 Sur le Pont d'Avignon〉라는 노래다. 이 노래는 춤과 유희를 위한 민요라고도 할 수 있는데 남녀가 짝을 이루고 둘러서서 노래에 맞춰 춤을 추다가 노래 사이사이에 재미있는 동작을 집어넣고 따라하면서 흥을 돋운다. "아비뇽 다리 위, 춤을 춰요 춤을 춰~" 어디선가 들어봤음직한 익숙한 멜로디일 것이다.

흥미로운 점은 원래 노래 제목이 '아비뇽 다리 아래서 Sous le Pont d'Avignon'였다

19세기 말 다리 위에서
춤을 추고 있는 모습

는 것이다. 왜냐하면 당시 다리는 커다란 섬을 지나고 있었는데 이 섬에는 다리 밑으로 춤을 출 수 있는 카페들이 성업 중이었다고 한다. 섬 주변의 아치들이 유실되자 '다리 아래'가 슬그머니 '다리 위'로 바뀐 것이다. 위 그림은 다리 위에서 옷을 잘 차려입은 신사 숙녀들이 춤을 추고 있는 장면이다. 어두컴컴한 밤의 다리 아래가 아니라 어스름한 저녁 좁고 위험한 다리 위에서 추는 춤이어서인지 흥겨움보다는 왠지 경건한 느낌이 묻어난다.

이 다리로 비롯된 노래와 춤의 전통이 있기 때문인지 이곳에서는 매년 7월 유명한 아비뇽 페스티벌이 열린다. 1947년에 시작된 이 페스티벌에서는 연극, 무용, 음악 등 전통적인 공연 예술뿐 아니라 영화와 거리 공연 등이 유네스코 세계문화유산으로 지정된 교황궁을 중심으로 시내 곳곳에서 펼쳐진다. 이 페스티벌에는 매년 약 10만 명의 관객이 참가한다고 한다.

다음 사진은 교황궁 안뜰에 설치된 가설 무대에서 공연하는 장면이다. 사진 속 왼쪽 건물 너머에 아비뇽 다리가 있다. 아무데도 갈 수 없는 절단된 다리

교황궁 안뜰에서
열리고 있는
공연 모습

가 오히려 많은 사람들을 모아서 소통하게 하고 있으니 다리의 가치란 참 알다가도 모를 일이다.

1 Charles S. Whitney, "Bridges of the World: Their Design and Construction," Dover, Mineola, New York, 2003, (Original Pub 1929)

2 '아비뇽 유수 Avignonese Captivity'는 1309년부터 1377년까지 로마 교황청이 남 프랑스의 아비뇽으로 강제 이주된 역사적 사건을 일컫는다. 교황의 직위는 이 69년 동안 프랑스 왕권의 강력한 통제 아래 놓임으로써 그 보편적 권위를 잃었다.

14. 고흐와 랑글르와 다리

Gogh and Pont de Langlois

반 고흐 <랑글르와 다리와 빨래하는 여인들>

1888년, 캔버스에 유채, 54 x 65cm

네덜란드 오텔로 크뢸러-뮐러 미술관

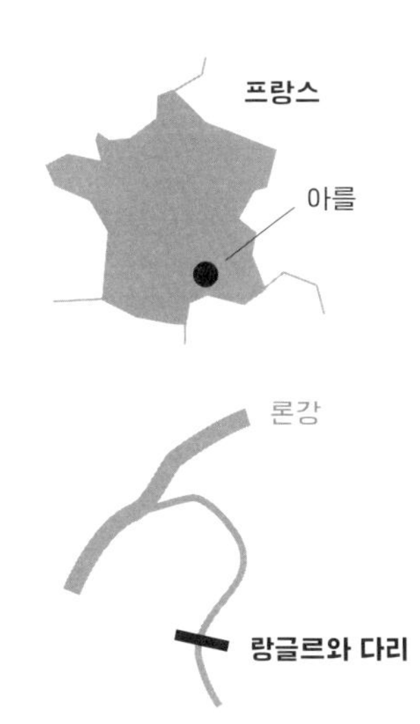

아를에 도착하자마자 다시 만나게 된 그 독특한 모습의 다리에서 향수를 느낀 고흐가 각별히 애정을 가졌을 법하다. 북국의 음울한 하늘에 비해 남프랑스의 맑고 밝은 빛에 둘러싸인 다리의 조형은 그에게 새로운 영감과 의욕을 북돋아주었을 것이다.

> "나는 오늘 15호 캔버스를 가지고 집에 돌아왔다. 위로 조그만 마차가 지나가는 도개교를 파란 하늘을 배경으로 윤곽을 살려 그린 것이다. 물도 역시 파랗다. 오렌지색 둑에는 풀들이 있고, 블라우스에 알록달록한 모자를 쓴 한 무리의 빨래하는 여인들이 있는 그림이란다."
>
> – 1988년 3월 16일 동생 테오에게 보낸 편지에서 [1]

고흐가 그린 이 그림의 제목은 〈랑글르와 다리와 빨래하는 여인들〉이다. 파란 하늘이 짙푸른 강물과 이어져 있고 초록과 황토색의 둑은 서로 마주보며 다리의 연한 황색과 어우러져 있다. 아낙네들이 빨래를 하며 수면에 동심원

을 그리고 자그마한 도개교 위로 마차 한 대가 한가롭게 지나가고 있다. 맑고 밝은 색채가 조화를 이룬 매우 평화롭고 목가적인 풍경이다.

Mon cher Bernard, ayant promis de
t'écrire je veux commencer par te
dire que le pays me parait aussi
beau que le Japon pour la limpidité
de l'atmosphère et les effets de couleur
gaie. Les eaux font des taches d'un
bel émeraude et d'un riche bleu dans les
paysages ainsi que nous le voyons
dans les crepons. Des couchers de soleil
orangé pâle faisant paraître bleus les
terrains. Des soleils jaunes splendides.
Cependant je n'ai encore guère vu le
pays dans sa splendeur habituelle d'été
Le costume des femmes est joli et le dimanche
surtout on voit sur le boulevard des
arrangements de couleur très naifs et
bien trouvés. Et cela aussi sans doute
s'égayera encore en été

3월 18일 고흐가 베르나르에게 보낸 편지. 다리 삽화가 그려져 있다.

동생 테오에게 편지를 보내고 바로 이틀 뒤 고흐는 친구 베르나르에게도 편지를 한 통 보낸다.[2] 랑글르와 다리 스케치를 곁들인 편지다. 랑글르와 다리를 위한 밑그림으로 그림에 어떤 색을 쓸 것인지를 표시해두기까지 했다. 편지에는 새로 정착한 아를에서 "노란색의 커다란 태양에 비친 도개교의 특이한 실루엣"에 대해 이야기하고는 '빨래하는 여인들'이 등장하는 앞서의 다리 그림에 대해서도 언급한다. 한마디로 고흐는 다리에 '꽂힌' 것이다.

꿈에 그리던 남쪽의 화실로

파리에 머물던 시절, 인상파의 영향을 받은 고흐의 그림은 점차 밝은 색으로 변한다. 그전에 그린 그림들은 대부분 어두운 흙색이었다. 그의 말대로 "흙먼지로 뒤덮인 감자넝쿨 색깔"이었다. 고흐는 프랑스 남쪽에 가면 더 많은 색과 더 많은 햇빛이 있을 거라고 생각했고 "남쪽의 화실"을 꿈꾸었다.

1888년 2월 고흐는 빛과 색을 찾아 아를로 왔다. 아를에 머무르는 동안 고흐는 이웃들과 왕래도 거의 하지 않았다. 외로움은 고흐를 더욱 힘들게 만들었지만 그럴수록 그는 더욱 그림 그리는 일에 심취했고, 주변 풍경을 열심히 화폭에 담았다. 아를에 머무른 15개월 동안 고흐는 무려 100점에 달하는 스케치와 200점이 넘는 그림, 그리고 200통이 넘는 편지를 남겼다.

과거를 보상받고자 했던 그림

랑글르와 Langlois 다리는 고흐가 아를에 도착한 지 얼마 되지 않아 작품 소재로 삼은 다리다. 고흐는 이 다리를 선택하고는 끈기와 진지함으로 접근했다. 햇볕으로 가득한 풍광 속에 돌연히 등장하는 이 기능적인 구조물에 대해서 그는 여러 요소들을 비교적 상세하게 묘사하고 있다. 둑 주변과 풀은 빠르게 그렸으면서도 석재 교대와 목조 교량의 구조적 요소들, 그리고 심지어는 상판을 들어 올리는 밧줄까지도 꼼꼼하게 그리고 있다.

고흐는 이 다리를 그리는 일을 상당히 즐기고 있었던 듯하다. 아를에 와서 그린 그림 중 명작이 되어 많은 사람의 사랑을 받게 될 것을 미리 알았을까? 앞서의 그림과 똑같은 그림을 하나 더 그린 고흐는 1988년 5월 10일자 동생 테오에게 보내는 편지[3] 말미에 이렇게 쓰고 있다.

"이번에 부치는 작품 꾸러미 속에는 거친 캔버스에 그린 분홍색 과수원 그림, 하얀

과수원 그림, 그리고 다리 그림[4]이 있다. 그걸 보관해두면 가치가 오를 것이라 생각한다. 이런 수준의 그림이 50점 정도 된다면, 별로 운이 없었던 우리의 과거를 보상받을 수 있지 않겠니? 그러니 이 세 점은 네가 소장하고 팔지 말거라. 시간이 지나면 이 그림들은 각각 500프랑을 받을 수 있을 거야."

고흐는 이 다리를 네 점의 유화뿐 아니라 한 점의 수채화, 그리고 네 점의 스케치로도 남겼다. 고흐는 왜 이 다리에 그리도 집착했을까?

니우 암스테르담의 도개교

아를에서 랑글르와 다리와 조우하기 오래 전, 고흐는 니우 암스테르담에서 랑글르와 다리와 유사한 도개교를 우연히 마주쳤다. 니우-암스테르담 Nieuw-Amsterdam은 네덜란드 동북부에 위치한 드렌테 Drenthe라는 지역의 마을로 고흐가 1883년 가을을 지낸 곳이다.

고흐
〈니우-암스테르담의 도개교〉
1883년, 종이에 수채
38.5×81cm
네덜란드 그로닝거 미술관

1883년 10월 12일경 동생 테오에게 보낸 편지[5]를 보면 그가 이곳으로 이사와 새로 구한 방에 대한 얘기를 하면서 발코니에서 "매우 흥미로운" 도개교를 보았다고 쓰고 있다. 새로운 곳으로 이사 온 후 그림 소재를 찾느라 애쓰던 화가의 눈에 이 도개교가 인상적으로 다가왔을 것이다. 그리고 그해 11월 26일에 동생 테오에게 보낸 장문의 편지[6] 말미에 그 다리가 다시 등장한다.

> "내가 보낸 그림들은 받았니? 그 후로 커다란 유화 한 점과 커다란 도개교 수채화를 한 점을 그렸단다. 그 수채화를 바탕으로 다른 효과를 더해 유화도 그렸다. 나중에 눈이 오면 이 그림들을 이용해서 눈의 효과를 더욱 정확하게 표현해볼 거야. 그림의 윤곽선과 구성은 그대로 둔 채 말이다."

고흐에게 향수를 불러일으키다

아를에서 지중해변의 포르드부크 Port-de-Bouc 사이의 운하 즉 아를-부크 운하에는 다리가 여럿 있었는데, 그중 고흐가 그린 것과 비슷한 도개교가 적어도 아홉 개가 있었다. 작은 규모의 목재 도개교로 마차나 사람들이 지나다니던 다리인데, 다리 아래로 배가 지나갈 때면 사람의 힘으로도 쉽게 다리를 들어 올릴 수 있는 그런 다리다.

잘 알려진 대로 네덜란드는 지대가 낮은 나라다. 수많은 물줄기와 그 위를 오가는 배들의 운행이 길 위의 자동차의 통행보다 더 흔한 곳이다. 그래서 네덜란드의 도개교는 이 작은 수로를 오가는 다리를 쉽게 들어 올리고 내릴 수 있도록 고안되고 진화된 다리다. 19세기 초반 프랑스 남부에 운하를 건설할 때 운하 기술이 발달한 네덜란드 기술자들이 주도하게 되었고 운하를 가로지르는 소규모 도개교도 당연히 그들의 작품이었을 것이다.

1902년의 랑글르와 다리

5년의 세월이 흐른 후, 아를에 도착하자마자 다시 만나게 된 그 독특한 모습의 다리에서 향수를 느낀 고흐가 각별히 애정을 가졌을 법하다. 위의 수채화에 비해 훨씬 가벼운 느낌으로 다리를 그렸다. 북국의 음울한 하늘에 비해 남프랑스의 맑고 밝은 빛에 둘러싸인 다리의 조형은 그에게 새로운 영감과 의욕을 북돋아주었을 것이다.

아를에 박제된 '반 고흐 다리'

아를-북 운하를 따라 아를을 막 벗어나면 첫 번째로 만나는 다리가 랑글르와 다리였다. 원래 이름은 레지넬 다리였으나 다리 관리인의 이름을 따서 랑글르와 다리로 불리게 되었다. 그러나 이 다리는 1930년 기차가 지나갈 수 있도록 45m 길이의 콘크리트 아치 교량으로 교체되었다. 제2차 세계대전이 끝나가던 1944년에는 퇴각하던 독일군이 운하를 따라 서 있던 다리들을 모두 폭파시켰는데 유일하게 포 Fos에 있던 목재 도개교만 살아남았다. 그러나 이 '포 다리'마저도 1959년 해체되었다.

한참의 세월이 흐른 후, 아를시는 고흐의 흔적을 되살리기 위해 다리를 복원하기로 한다. 그래서 해체되어 보관 중이던 포 다리를 구입하여 원래 랑글르와 다리가 있던 장소에 세우고자 했으나 기술적인 문제와 경관의 문제에 부딪히자 원래 다리가 서 있던 장소에서 하류 쪽으로 2km쯤 떨어진 곳에 설치하게 된다. 1997년에야 보수가 마무리된 이 다리는 엄밀히 얘기하면 고흐와 별 상관이 없다. 장소도 다르고 다리 구조물도 다른 다리를 재활용한 것이다. 그러나 아를시 관광국이 소유한 이 다리는 현재 '반 고흐 다리'로 불리며 관광객들이 즐겨 찾는 명소가 되었다.

1889년 고흐가 정신병원에 입원하기 위해 생레미 행 기차에 몸을 실었을 때, 이 수상쩍은 화가를 몰아냈던 주민들은 아를이 훗날 그의 발자취를 찾는 관광객으로 들끓게 될 줄은 상상도 못했을 것이다. 예술의 역사에서 중요한 무대가 되었던 아를시가 고흐의 작품을 단 한 점도 소장하지 않았던 것은 운명의 장난일까? 그러나 '랑글르와 다리'는 이렇게 해서 한 천재 화가와 함께 아를에 박제되어 버린다.

고흐와 다리

고흐는 다리를 좋아했던 것 같다. 아를 시절 과일나무와 함께 고흐에게 집념을 불러일으킨 모티브 중 하나가 다리였다. 랑글르와 다리뿐 아니라 아를 시내의 다리 그림도 여럿 남아 있다.

현재의 반 고흐 다리

고흐에게 다리는 무엇이었을까? 광기의 언저리에서 미친 듯이 그림에만 몰두하던 고흐. 동생 테오와의 편지 왕래 말고는 이웃들과의 소통이 거의 없었던 그에게 다리는 구원이었을 것이다. 그래서인지 고흐의 다리에는 늘 사람이 있다. 생레미로 향하는 기차 위에서 멀어져 가는 아를의 다리를 뒤돌아보는 고독한 화가의 모습이 그려지지 않는가. 고흐는 오로지 그림을 통해 세상 사람과 소통하고 끝내 그림을 통해 자유로워진다.

1 http://www.vangoghletters.org/vg/letters/let585/letter.html

2 http://www.vangoghletters.org/vg/letters/let587/letter.html

3 http://www.vangoghletters.org/vg/letters/let607/letter.html

4 이 그림은 위의 크뢸러-뮐러 그림(F397)을 거의 유사하게 복제한 그림(F571)으로 개인이 소장하고 있다.

5 http://vangoghletters.org/vg/letters/let395/letter.html

6 http://vangoghletters.org/vg/letters/let407/letter.html

15. 엘 그레코와 알칸타라 다리

El Greco and Puente de Alcántara

엘 그레코
<**톨레도 풍경**>
1598~1599년
캔버스에 유채
121.3 x 108.6cm
뉴욕 메트로폴리탄
미술관

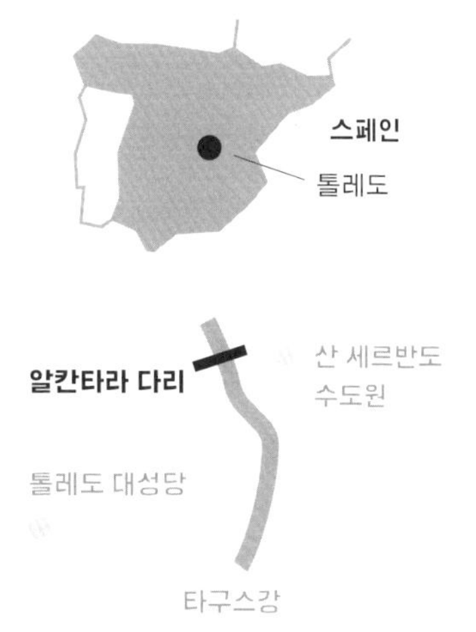

알칸타라 다리는 도시의 동쪽에 위치하는 톨레도의 가장 오래된 관문이었다. 수세기를 통해 이 다리는 여러 차례 파괴되고 복원되면서 현재에 이르고 있다. 그래서 이 다리에는 주변의 성곽과 마찬가지로 로마 시대의 돌, 서고트 시대의 돌, 그리고 아랍 시대의 돌들이 모두 섞여 있다.

〈톨레도 풍경〉은 스페인 르네상스의 거장 엘 그레코가 남긴 두 점의 풍경화 중 하나로 스페인의 정신적 수도 톨레도의 풍경을 그린 작품이다. 그림 중앙에서 약간 좌측 하단으로 아치교가 하나 보이는데 이 다리가 바로 알칸타라 다리다. 유령이라도 금새 튀쳐나올 듯한 이 그림은 공포 영화의 포스터로 제격이다. 하늘은 왜 이렇게 음산한가? 하늘의 검푸른 색과 아래쪽 언덕의 밝은 녹색이 강한 대비를 이루면서 기괴하고 불안한 기운이 감돈다. 검은 배경에 대조되는 은색의 건물들. 칠흑처럼 어두운 밤, 번개가 하늘을 가르는 순간 하늘 아래 모든 사물이 순간적으로 시야에 나타나 멈춰 선 듯한 풍경. 그러나 이 그림은 야경이 아니다. 이 그림의 신비로운 상징주의는 당시 이 도시가 처한 정신 세계와 관련이 있을 것이다. 이 그림의 하늘은 회화 역사상 가장 드라마틱하게 표현한 하늘 중 하나일 것이다.

톨레도는 스페인의 옛 수도이자 문화와 종교, 학문의 중심지였다. 그리스 출신인 엘 그레코가 톨레도에 정착한 지 20년쯤 된 어느 날, 그는 이 도시의 풍경을 화폭에 담는다. 그때까지 스페인에서는 풍경만을 따로 떼어내서 그린 그림이 없었다. 따라서 엘 그레코의 이 풍경화가 스페인 역사상 최초의 풍경화인 셈이다.

매너리즘의 거인 엘 그레코

엘 그레코 (1541~1614)는 '그리스인 El Greco'이라는 별명대로 그리스의 크레타 섬에서 태어났다. 25세 때 새로운 세상을 꿈꾸며 르네상스의 절정을 구가하던 베네치아로 가서 거장 티치아노의 문하생이 된다. 말하자면 유학생이었던 엘 그레코는 지칠 줄 모르고 새로운 것을 받아들인다. 그리고 2년 뒤에는 당시 미술의 중심이었던 로마로 향한다. 7년이 넘도록 이렇다 할 인정을 받지 못하던 엘 그레코에게 드디어 새로운 기회가 찾아왔고 1577년 스페인으로 향한다. 원래는 마드리드로 가기로 되어 있었지만 톨레도의 제단화를 주문 받으면서 톨레도와의 인연이 시작된다.

엘 그레코는 시대를 앞서간 인물이었다. 회화 역사상 여러 엇갈린 평가에도 불구하고 그가 천재적이며 독특한 존재였다는 것은 아무도 부인하지 못할 것이다. 그는 그리스에서 태어나고 자랐으며, 이탈리아에서 그림 공부를 했고, 스페인에서 살며 활동했다. 후기 비잔틴 예술의 중심지에서 물려받은 유산과 이탈리아와 스페인에서 알게 된 르네상스 예술의 장점을 긍정적으로 결합시켜 '매너리즘'이라는 새로운 예술 양식을 만들어낸 거인이다. 매너리즘은 대상을 이상적으로 묘사하지 않고, 색과 형태를 통해 대상을 극적으로 표현하고 창조해낸다. 르네상스 미술이 안정적이고 조화로운 것과 달리 매너리즘은 모호하고 왜곡되고 변덕스러운 성격을 지니고 있다. 그의 그림에서 우리는 초자연적인 것, 정신적인 것, 실험적인 것을 발견할 수 있다.

스페인의 정신적인 수도 톨레도

톨레도는 스페인 수도 마드리드에서 70km 거리에 있는 인구 6만여 명의 작은 도시로, 마드리드가 수도가 되기 전 1천여 년 동안 스페인의 중심지였다. 이 도시는 로마 시대 이전으로 거슬러 올라가는 장구한 역사를 자랑하며, 서고트 왕국, 이슬람 왕국, 레온 왕국, 카스티야 왕국의 수도로서 번영을 누렸다. 삼면이 타구스강으로 둘러싸인 바위산 위에 건설되었으며, '라 만차의 기사' 돈키호테의 고향 주도이기도 하다.

톨레도는 역사적으로나, 종교적, 예술적, 그리고 건축학적으로도 매우 중요한 도시였다. 로마 시대의 성벽이 있던 자리에 서고트 왕조가 건설하고 아랍인들과 기독교인이 증축한 성곽이 아직도 구시가지를 감싸고 있다. 특히 톨레도의 전성기였던 중세에는 동-서양, 즉 아랍, 유대인, 기독교인들이 공존하며 이슬람의 영향을 수용한 무데하르 스타일의 예술과 건축을 창조해낸다. '무데하르 mudejar'는 이슬람 지배가 끝난 뒤에도 스페인에서 살았던 이슬람교도들을 일컫는 말이며, 무데하르 양식이란 스페인에서 발달한 이슬람과 서구 문화가 결합된 양식이다. 수많은 문화 유적뿐 아니라 기독교, 이슬람교와 유대교가 공존한 역사성에 힘입어 톨레도는 1986년에 유네스코 세계문화유산으로 지정되었다.

'아랍인의 다리'가 순례자들의 관문이 되다

알칸타라 다리는 스페인 톨레도를 돌아나가는 타구스강을 건너는 아치교다. 원래 이 도시를 건설한 로마인들이 세운 다리의 폐허 위에 866년 이슬람교도에 의해 새 다리가 세워진다. 그래서 Al Qantara 즉 '다리'라는 아랍어에서 유래한 이름이 사용되는 것이다. 중세에 이 다리는 이 정신적 도시를 찾아오는 기독교 순례자들이 지나야 하는 중요한 관문이었다.

현재의 알칸타라 다리. 뒤로 산 세르반도 수도원이 보인다.

이 아랍인의 다리는 1257년 홍수로 교각과 교대만 남기고 쓸려가고 알폰소 10세가 다리를 재건한다.[1] 그 후 수세기를 통해 이 다리는 여러 차례 파괴되고 복원되면서 현재에 이르고 있다. 그래서 이 다리에는 주변의 성곽과 마찬가지로 로마 시대의 돌, 서고트 시대의 돌, 그리고 아랍 시대의 돌들이 모두 섞여 있다.

이 다리는 도시의 동쪽에 위치하는 톨레도의 가장 오래된 관문이었다. 다리의 서쪽 끝에는 성문을 겸한 망루 Puente de Alcántara가 서 있는데 무데하르 양식으로 1484년 건설되었다. 망루를 지나 다리의 오른쪽으로 톨레도 구시가지가 있고, 1721년에 건설된 바로크식 성문 너머 언덕 위로는 산 세르반도 수도원이 있다.

엘그레코의 톨레도 풍경

다시 엘 그레코의 그림으로 돌아가보자. 이 그림의 주인공은 누구일까? 분명 알칸타라 다리는 아니다. 그럼에도 불구하고 알칸타라 다리는 타구스강의 좌안과 우안을 연결해주는 장치로서 존재감을 드러내고 있다. 그림의 오른쪽 언덕이 톨레도 시가지다. 알칸타라 다리를 지나 언덕을 오르면 톨레도 대성당을 지나 정점에 알카자르궁이 있다. 그런데 실제 성당의 위치는 그림과 다르다. 왜 그럴까?

다음 그림은 호프나겔 (1542 ~1601)이라는 폴랑드르 화가가 그린 1566년 톨레도의 모습이다. 엘 그레코가 살던 당시의 모습과 크게 다르지 않았을 것이다.

바위산에 도시가 빽빽이 들어차 있고 타구스강이 도시를 돌아 나가고 있다. 삼면이 강으로 둘러싸여 있는 난공불락의 천연요새로서 오랜 세월 동안 수도의 역할을 할 만한 지세다. 이 전략적 요충지의 중심에 성당이 서 있고 오른쪽 언덕 정상에 왕궁이 있다. 톨레도의 오른쪽 옆구리에 타구스강을 건네주는 알칸타라 다리가 보인다.

요리스 호프나겔
〈톨레도의 조감도-1566년〉

엘 그레코는 이 다리 너머 북쪽에서 다리를 바라보며 〈톨레도의 풍경〉을 그렸기 때문에 톨레도 시가지의 동쪽 끝부분만을 담고 있다. 따라서 도시의 중앙에 있던 대성당은 그림에 들어갈 수 없는 것이지만 그는 상상력을 동원하여 대성당을 알카자르 왕궁 왼편으로 옮겨놓았다.[2] 일련의 건물들이 가파른 언덕 아래로 이어지며 알칸타라 다리로 맞닿고 타구스강 건너 왼편 언덕 위로 산 세르반도 수도원이 보인다.

다리를 지나 왼쪽 아래 정체불명의 건물은 구름으로 받쳐져 있고 그곳으로 몇몇 사람들이 내려오고 있다. 언덕 위의 궁궐과 성당을 거쳐 가파르게 내려온 그들은 이제 알칸타라 다리를 건너 고즈넉한 피안의 세계로 향하고 있는 것인지도 모른다. 자세히 보면 그림 왼쪽 아래에는 험상궂고 불안한 그림 전반의 분위기와 달리 이름 모를 나무에 꽃까지 하늘하늘 피어 있다.

톨레도에 대한 오마주

엘 그레코는 그림에서 건물들의 위치를 실제와 다르게 재배치했다. 세속의 권력을 상징하는 알카자르궁과 종교적 권위를 대변하는 대성당을 한데 모아 놓았다. 건물을 '보이는' 대로 그린 것이 아니라 '바라는' 대로 그린 것이다. 따라서 이 그림은 도시의 실제 모습을 '기록'하기 위한 것이 아니라 도시의 정수를 '해석'하고자 한 것이라고 할 수 있다. 역사적 사실이 아닌 시적 감성을 담은 것이다. 그가 원하는 정신적인 도시의 모습일지도 모른다. 그가 20년 이상을 살아왔고 끝내 생을 마감할 제2의 고향 톨레도에 대한 오마주이기도 하다.

엘 그레코가 동시대 인물이었던 《돈키호테》의 작가 세르반테스와 만났더라면 톨레도가 잔인할 정도의 역설로 가득한 도시였다는 것에 대해 깊은 대화를 나누었을지도 모른다. "펜은 영혼의 언어다"라고 세르반테스가 말한 바 있다. 엘 그레코는 "붓이야말로 영혼의 언어다"라고 반박하지 않았을까. 엘 그레코의 〈톨레도 풍경〉은 그렇게 말하고 있는 듯하다.

1 http://archnet.org/#sites/180/media_contents/11326

2 http://www.metmuseum.org/collection/the-collection-online/search/436575

16. 르 브랭과 수블리키우스 다리

Le Brun and Pons Sublicius

르 브랭 <다리를 지키는 호라티우스 코클레스>
1643년경, 캔버스에 유채, 122 x 172cm
영국 덜위치 회화미술관

절체절명의 순간에 호라티우스가 분연히 나서서 좁은 다리를 막고 적들과 혈투를 벌인다. 결국 다리는 파괴되고 호라티우스는 강물에 몸을 던져 로마 쪽으로 건너온다. 다리와 함께 고대 로마의 왕정시대가 무너져 내리고 새로운 공화정이 들어선다.

17세기 프랑스 화단의 거두였던 르 브랭의 〈다리를 지키는 호라티우스 코클레스〉라는 작품이다. 그림 중앙의 왼편 다리 끝에서 칼을 쳐들고 여러 명의 적들과 용감하게 싸우고 있는 사람이 로마 병사 호라티우스 Horatius Cocles다. 그의 등 위로 로마를 상징하는 여신과 아기 천사가 보인다. 여신은 용맹스러운 전사의 머리에 월계관을 씌어주려 하고 있다. 물밀 듯 밀려오는 적들을 오로지 혼자 상대했으니 신의 가호가 있었을 것이라고 생각한 화가가 그려 넣었을 것으로 짐작된다. 그들이 없었다면 좀 심심한 전투 장면이 되었을 것이다. 그 뒤로 다리 위에서 몇 사람이 무엇인가 작업에 열중하고 있다. 무슨 일이 벌어지고 있는 것일까?

이 다리는 당시 테베레강을 건너 로마 시가지로 이어주는 유일한 다리였던 수빌리키우스 다리다. 다리의 주요 구간만 목조이고 나머지는 석조로 묘사되어 있다. 이들은 지금 다리를 뜯어내느라 안간힘을 쓰고 있다. 가느다란 쇠막대기로 자신들의 체중까지 얹어놓은 다리의 상판을 과연 뜯어낼 수 있을까? 그림의 주인공인 호라티우스는 지금 적들이 성 안으로 진입하지 못하도록 다리를 해체하는 시간을 벌기 위해 필사적으로 싸우고 있다. 로마의 운명이 그의 양 어깨에 달려 있는 형국이다.

다리 뒤로는 말의 궁둥이가 보인다. 성 안으로 도망치는 로마 군사들일 것이다. 그 옆으로는 하늘을 향해 두 팔을 쳐든 사람이 보인다. 로마의 장군으로 보이는 그는 오른쪽 다리 아래를 근심스레 흘긋거리면서도 하늘을 향해 빌고 있는 듯하다. "신이여, 호라티우스에게 힘을 주소서!"라고. 다리 오른쪽의 아치 아래에는 배를 탄 사람들이 교대를 살펴보고 있다. 다리를 뜯어내는 작업과 관련이 있을 것이다.

그림 왼편 전면에는 한 남자가 머리에 꽃으로 치장된 월계관을 쓰고 비스듬히 누워서 싸움을 관망하고 있다. 물동이를 엎어 물을 흘리고 있는 이 남자는 테베레강의 신이다. 당시에 모래시계는 아마도 없었을 테니 물동이를 기울여 흘리는 물은 시간을 상징할 수도 있겠다. 물을 천천히 흘리면 시간도 천천히 흘러 다리를 뜯어낼 시간을 벌지 않겠는가.

17세기 고전주의 화가의 역사화치고는 색감이 칙칙하지 않고 밝고 경쾌하다. 맑게 푸른 하늘의 색이 여신의 옷을 비롯한 여러 곳에 사용되어 그런 효과가 나고 있다.

루이 14세의 수석화가 르 브랭

샤를 르 브랭 Charles Le Brun (1619~1690)은 프랑스의 화가이자 회화 이론가로 17세기 프랑스 화단을 주무르던 실력자였다. 태양왕 루이 14세는 그를 "역사상 가장 위대한 프랑스 화가"라 칭송했다.

파리에서 태어난 르 브랭은 재무상 세귀에의 눈에 띄면서 어려서부터 대가들에게 그림을 배운다. 1642년부터 4년 동안 로마에 머무르면서 니콜라 푸생의 아틀리에에서 일하기도 했다. 그림 솜씨 못지않게 정치적인 수완도 좋았던지 그는 귀국 후 권력자들의 비호 아래 승승장구한다. 1662년 태양왕 루이 14세의 수석 궁정화가로 등극한 그는 곧 '프랑스 회화조각 아카데미'의 원장이 되면서 17세기 프랑스 미술계를 좌지우지한다. 태양왕의 위세를 드높이는 '왕의 남자'였던 그 자신은 프랑스 화단의 태양이 되었던 것이다.

르 브랭은 초상화나 풍경화를 그다지 좋아하지 않았다. 그런 것들은 그저 그림 솜씨를 익히기 위한 연습에 불과했다. 그가 좋아했던 것은 학술적인 치밀한 구성을 지닌 역사화였고, 회화의 궁극적인 목표는 고귀한 영혼을 살찌우는 것이어야 한다고 믿었다.

일련의 상징, 복장 그리고 제스처 등을 통해 그림에 스토리를 부여하고 짜임새 있는 구성을 통해 그의 그림은 상당한 깊이를 갖게 된다. 르 브랭에게 그림이란 보는 사람이 읽을 수 있는 이야기여야 했다. 〈다리를 지키는 호라티우스 코클레스〉는 그가 로마에 머물던 시절 그린 작품으로 바로 그런 영웅적 스토리를 읽을 수 있는 작품이다.

수블리키우스 다리의 영웅 호라티우스

기원전 509년, 로마의 왕조가 폐하고 로마 공화정이 시작된다. 쫓겨난 마지막 왕 '거만한' 타르퀴니우스 Tarquinius는 왕위 복원을 위해 에트루리아 클루시움의 왕인 포르세나 Lars Porsena에게 군사적 도움을 청한다. 그러나 508년 포르세나는 군대를 직접 몰고 로마로 쳐들어온다. 포르세나 군대에게 로마군은 패퇴하여 수블리키우스 다리까지 내몰리게 된다. 물밀듯이 밀려오는 에트루리아 군대가 다리를 건너 성으로 들어오면 로마가 함락되는 것은 이제 시간 문제다.

> 그때 용감한 성문지기 호라티우스가 나서며 말한다.
> "이 세상 모든 이에게 죽음은 언제고 찾아온다.
> 두려운 운명에 맞서는 것보다 더 가치 있는 죽음이 있으랴.
> 조상들의 재와, 신들의 전당을 위하여!"

영국의 저명한 역사가이자 저술가인 매컬리 Thomas Babington Macaulay가 1842년 발표한 서사시 〈호라티우스〉의 제9연이다.[1]

이 절체절명의 순간에 호라티우스 Horatius라는 병사가 분연히 다리 앞으로 나선 것이다. 양편에 라르티우스와 아퀼리누스라는 두 병사의 도움을 받아 좁은 다리를 막고는 용맹스럽게 적들과 혈투를 벌인다. 결국 다리는 파괴되고 상처를 입은 호라티우스는 강물에 몸을 던져 로마 쪽으로 건너온다. 그렇게 그는 로마를 구한 영웅이 되고 불멸의 역사가 된다. 그리고 다리와 함께 고대 로마의 왕정 시대가 무너져 내리고 새로운 공화정이 들어서게 된다.

로마 최초의 다리

로마의 역사가인 리비우스에 의하면 수블리키우스 다리는 테베레 섬 하류 지점에 건설된 고대 로마 최초의 다리였다.[2] 기원전 640년경 로마의 제4대 왕 안쿠스 Ancus Marcius의 명으로 건설되었다고 알려져 있다. 테베레강 서안에 있는 자니콜로 언덕을 요새화했기 때문에 강 동안에 모여 있던 로마의 일곱 언덕과 이을 필요가 생겼을 것이다.[3] 당시 이 일대에 시장이 있었고, 오스티아에서 소금을 싣고 테베레강을 거슬러 올라온 배가 정박하는 선착장이 있었다.[4] 그리고 다리는 로마의 방어 전략상의 이유로 목조로 만든다. 이 다리는 소금 창고였던 오스티아 항 개발을 포함한 당시 사회기반시설 확충 프로젝트의 일환으로 건설되었다.

수블리키우스 다리는 '말뚝 다리'다. 수블리키우스 Sublicius라는 말은 '말뚝으로 지지된'이라는 의미이다. 따라서 끝을 뾰족하게 깎은 말뚝을 강의 지반에 근입하여 다리를 세운 목조 다리임을 함축하고 있다. 훗날 줄리어스 시저의 군대가 라인강을 건널 때도 이 방법을 사용하여 다리를 건설한다.

수블리키우스 다리의 모습

이후 이 다리의 상류에 목재 다리가 또 하나 건설되었다가 기원전 2세기경에 석재 교량인 에밀리오 다리 Pons Aemilius로 교체된다. 현재는 덜렁 아치 하나만

남아 Ponte Rotto 즉 '망가진 다리'로 불리고 있다. 이 두 다리 사이에 Cloaca Maxima 즉 '대 하수도'가 있어 로마의 하수를 테베레강으로 흘려보냈다.

수블리키우스 다리가 사라진 것이 언제인지 분명하지 않으나 고전 시대는 아니었던 것으로 보인다. 이 다리는 당시 거지에게 최고로 좋은 명당이었다고 한다. 온갖 사람들이 많이 지나다녔으니 다리 위에 앉아 적선을 구걸하기 안성맞춤이었을 것이다. 그래서 라틴어로 거지는 'Aliquis de Ponte'다. 즉 '다리의 무명씨' 또는 '다리에서 온 사람' 정도로 번역할 수 있겠다.

테베레 강변에서 바라본 수블리쵸 다리

현재의 다리는 원래 수블리키우스 다리가 있던 자리에서 상당히 하류 쪽에 건설된 교량으로 라틴어가 이탈리아어화 되어 '수블리쵸 다리 Ponte Sublicio'라 불린다. 1914~1917년 사이에 건설된 이 다리는 피아첸티니 Marcello Piacentini의 설계로 건설되었으며 세 개의 아치로 이루어져 있다. 길이 102m에 폭 20m로 로마에서 가장 짧은 다리다.

삶과 죽음을 가르는 성스러운 장애물

수블리키우스 다리는 호라티우스의 영웅담으로 유명하지만, 또 하나 다리가 갖는 특별한 종교적인 의미로 인해 더욱 흥미롭다. 고대 로마에서 다리의 의미는 무엇이었을까? 로마인들도 기본적으로는 다리를 실용적인 구조물로 보았을 테지만 수블리키우스 다리는 예외였다. 수블리키우스 다리는 도시 방어의 목적으로 건설되었기에 전시에 로마의 안위를 보장해주는 필수적인 시설이었다. 평소에는 다리를 지키고 출입을 통제하다가 비상시에는 다리를 끊어버리면 그만이었다.

그러나 호라티우스의 이야기를 통해 알 수 있듯이 전시에 급하게 다리를 뜯어내는 것이 그리 간단한 일은 아니었다. 자연히 위급 상황에서 다리를 신속하게 뜯어낼 수 있느냐 없느냐가 주요 관심사가 되었을 것이다. 그래서 이후로는 다리 건설에 못을 사용하지 않게 된다. 흥미로운 것은 이렇듯 실용적인 이유로 생겨난 교량 기술이 점차 종교적으로 제식화되었다는 점이다. 로마가 힘을 얻고 강건해져서 방어의 필요성이 없어진 이후에도 다리는 같은 방식으로 건설되었으며, 못뿐 아니라 금속마저 전혀 사용하지 못하게 되었다.

로마인들은 강을 산 자와 죽은 자를 나누는 성스러운 장애물로 여긴 것 같다. 그래서 로마인들은 강을 건널 때 '아우스피키아 Auspicia 의식'을 거행했다. 시저가 루비콘강을 건널 때 했던 것처럼 말이다. 테베레강을 가로지르는 최초의 다리인 수블리키우스는 그래서 신성한 축복을 입은 특별한 다리였다. 어쩌면 '마법의 다리'가 아니었을까? 그래서 이 다리는 홍수로 파괴되면 바로 복구되었고 기원 후 4세기경까지도 그때의 모습으로 서 있었다.[5]

수블리키우스 다리에서는 매년 '레무리아 Lemuria'라는 고대로부터 전해져 내려오는 행사가 열리고 '아르게이'라고 부르는 짚으로 만든 인형을 강물에 떨어뜨리는 의식을 행한다. 이는 아마도 사람 대신 사람의 형상을 제물로 바치는 것이 아닌가 싶다. 고대의 신관은 테베레강의 신과 영혼을 달래 사람들이 강을 편히 건너게 하는 역할을 담당했다.

수블리쵸 다리의 아치 머리 장식

이 다리의 유지보수와 관리는 '대신관단' 즉 'Collegium Pontificum'의 임무가 된다. 여기서 '대신관'이라는 단어 Pontifex는 제사를 드리는 신관이지만 '다리 건설자'라는 말이기도 하다. '다리'라는 뜻의 라틴어 Pons와 '건설하다'라는 뜻의 Facere가 합성된 말이기 때문이다. 당시 로마에서 다리의 종교적 중요성을 짐작할 수 있는 대목이다. 교황은 Pontifex Maximus 즉 '다리 건설자의 우두머리'라는 뜻이 된다.

예나 지금이나 다리를 만드는 행위는 신성하다. 교량 기술자들은 신성한 구조물을 창조한다는 자긍심과 소명의식을 다잡을 필요가 있다. 자랑스러운 유산을 후대에 남겨줘야 하지 않겠는가.

1 Sarah Stuart, A Treasury of Poems, BBS Publishing Corporation, New York, 1996.

2 Rabun Taylor, "Tiber River Bridges and the Development of the Ancient City of Rome," in Aquae Urbis Romae: the Waters of the City of Rome, No 2, June 2002. http://www3.iath.virginia.edu/waters/taylor_bridges.html

3 시오노 나나미, 《로마인 이야기》, 제1권, "로마는 하루아침에 이루어지지 않았다," 김석희 옮김, 1995년, 한길사

4 시오노 나나미, 《로마인 이야기》, 제10권, "모든 길은 로마로 통한다," 김석희 옮김, 2002년, 한길사

5 Alison Griffith, "The Pons Sublicius in Context: Revisiting Rome's First Public Work," Phoenix, Vol. 63, No. 3-4, 2009, pp. 296-321

17. 쉬췌드린과 산탄젤로 다리

Shchedrin and Ponte Sant'Angelo

실베스터 쉬췌드린 <로마 산탄젤로 성과 테베레강 풍경>
1823~1825년, 캔버스에 유채, 44.7 x 65.7cm
모스크바 국립 트레티아코프 미술관

이 다리는 도심에서 테베레강을 가로질러 건너편에 새로 건설된 황제의 영묘와 연결하기 위해 건설됐다. 중세에 이르러 로마 시내 대부분의 다리가 무너져 내리면서 이 다리는 로마에서 가장 중요한 다리가 되었다. 특히 바로 옆에 있던 '네로 다리'가 무너져 내린 후 오랫동안 성 베드로 성당을 방문하는 순례자들이 건너던 다리였다.

중앙에 아치 다리가 자리 잡고 있다. 로마의 산탄젤로 다리다. 다리는 오른편의 위풍당당한 산탄젤로 성으로 이어져 있다. 다리 너머 희뿌연 하늘을 배경으로 웅장한 자태를 드러내고 있는 것은 성 베드로 성당이다. 강 건너의 역사적인 도시 건축물들과는 달리 강 왼편으로는 허름한 주택들이 줄지어 서 있고 전면의 작은 나루터에는 소소한 19세기 초 도시의 일상이 담겨 있다. 몇 척의 나룻배와 짐을 싣기 위해 준비하는 사람들. 그 사이로 한가하게 낚싯대를 드리운 사람들도 보인다. 강 우측은 미처 개발되지 않고 황량한 모습 그대로 남아 있다. 다리는 이 모든 요소들을 한데로 끌어들여 모아주고 있는 듯하다.

이 그림은 러시아 출신의 풍경화가 쉬췌드린이 그린 〈로마의 산탄젤로 성과 테베레강 풍경〉이라는 작품이다. 화가는 그림에 담긴 여러 사물들에 작용하는 빛의 작용을 보여주려 한 것 같다. 하늘과 바위와 언덕, 건물의 벽들, 그리고 한 그루 나무, 강과 선박들, 산탄젤로 성과 아스라한 성 베드로 성당. 때로는 빛나고 때로는 그림자로 감추면서 갖가지 건물들이 엷은 공기의 휘장 속으로 윤곽을 드러내고 있다. 강물에 반영되는 빛도 그림자를 부드럽게 안고 있다. 쉬췌드린은 어둡고 무거운 갈색의 음영에서 밝은 은회색으로 나아가고 있다.

러시아 최고의 풍경화가 쉬췌드린

쉬췌드린 Sylvester Feodosiyevich Shchedrin (1791~1830)은 19세기 초반에 활동한 가장 훌륭한 러시아 풍경화가 중 한 명이다. 상트 페테르부르크의 예술가 집안에서 태어난 쉬췌드린은 어린 시절부터 예술 아카데미에 들어가 풍경화 교수였던 그의 숙부 세미온에게 그림을 배운다.

> "숙부가 어린 나를 국립 에르미타주 미술관에 데려간 것을 아직도 기억한다. 대부분의 다른 그림들은 그냥 지나쳤지만 오로지 카날레토의 그림 앞에서만 멈춰 서서 그림을 바라보았다."[1]

1811년 우수한 성적으로 아카데미를 졸업한 쉬췌드린은 1818년 장학금을 거머쥐고는 아득한 어린 시절의 우상이던 카날레토의 나라 이탈리아로 건너가 르네상스 거장들의 그림을 연구한다.

그는 로마에 머물던 시절인 1823년에 그린 앞의 작품 〈로마 산탄젤로 성과 테베레강 풍경〉으로 큰 성공을 맛본다. 그림의 인기가 대단해서 같은 그림을 여러 점 제작하기도 한다. 물론 구도와 디테일은 조금씩 다르지만 말이다. 유학 자금이 떨어진 이후에도 그는 고국으로 돌아가지 않고 죽을 때까지 이탈리아에 머물면서 작품 활동을 계속한다. 러시아뿐 아니라 이탈리아의 회화에도 상당한 영향을 끼친 그가 남긴 작품들 중 일부는 러시아로 되돌아갔으나 많은 작품들이 이탈리아의 미술관에 남아 있다.

하드리아누스가 '성 천사'로 바뀐 사연

이 다리는 원래 Pons Aelius 즉 '하드리아누스의 다리'로 불렸다. 서기 134년 이 다리의 건설을 시작한 로마 황제 하드리아누스(76~138)의 이름을 딴 것이다. 이 다리는 도심에서 테베레강을 가로질러 건너편에 새로 건설된 황제 자신

1550년 무렵의 로마.
왼편에 산탄젤로 다리가 보인다.

의 영묘와 연결하기 위해 건설됐다. 그 무덤이 현재의 위풍당당한 산탄젤로 Sant'Angelo 성으로서 중세에는 성채와 감옥으로 때로는 교황의 피신처로 쓰이다가 지금은 미술관으로 사용되고 있다.

중세에 이르러 로마 시내 대부분의 다리가 무너져 내리면서 하드리아누스 다리는 로마에서 가장 중요한 다리가 되었다. 특히 바로 옆에 있던 '네로 다리'가 무너져 내린 후 오랫동안 성 베드로 성당을 방문하는 순례자들이 건너던 다리였기 때문에 이 다리는 '성 베드로 다리'라는 이름을 얻게 된다.

죠반니 디 파올로
〈산탄젤로 성으로 향하는
성 그레고리의 행렬〉
1465년, 패널에 유채, 40×42cm
루브르 미술관

590년 겨울 어느 날, 당시의 교황 그레고리가 여러 교회에서 출발하여 성 베드로 성당에서 모이는 기원 행렬을 이끌고 있었다. 행렬의 목적은 당시 창궐하던 역병이 끝나기를 기원하기 위한 것이었다. 성 베드로 다리를 막 건너려는 순간 교황은 하드리아누스 영묘 위로 대천사 미카엘이 나타나 칼집에 칼을 넣는 모습을 보았다. 교황은 이를 역병이 곧 끝나리라는 계시로 받아들였고 마침내 기적처럼 역병이 멈추었다. 교황은 영묘와 다리의 이름을 '산탄젤로 Sant'Angelo' 즉 '성 천사'로 바꿨다.[2] 이 그림에 이런 사연이 담겨 있다.

로마 교량 공학의 정수

대부분의 로마 시대 교량들처럼 산탄젤로 다리의 설계자가 누구인지 정확히 알 수 없다. 하지만 르네상스 전성기의 유명 건축가 팔라디오 Andrea Palladio (1508~1580)가 16세기에도 다리가 온전한 상태였다고 보고한 것을 보면 이 다리는 로마 시대 교량 기술의 정수를 보여주는 위대한 교량임에 틀림없다.

파라네시
〈성 산탄젤로 다리와 성〉
판화, 1754년.
쉬췌드린의 그림과
구도가 유사하다.
주 아치는 세 개이고
양 옆으로
작은 진입 아치들이
있었던 것을
알 수 있다.

2세기경 로마의 기술자들은 강 속에 기초를 만들고 돌을 쌓아 아치 다리를 만드는 기술을 완성한 것으로 보인다. 반원형 석조 아치는 차치하고 이들이 이룬 중요한 기술의 혁신은 두 가지다. 첫째는, 물속에서 기초를 쌓기 위해 개발한 임시 물막이공 Cofferdam이다. 둘째는, 우수한 방수 시멘트의 발견이다. 물과 석회석, 모래에 포주올리 Pozzuoli 지역에 흔한 화산암을 갈아 만든 가루인 화산회를 섞어 시멘트를 만든 것이다.[3] 바로 포졸란 시멘트의 원형이다.

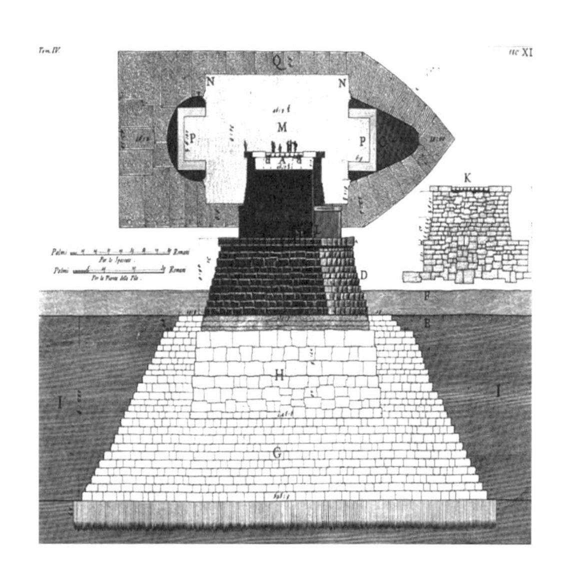

피라네시의 판화.
당시 교량의 기초를
얼마나 정교하게 건설했는지
잘 보여준다.

위 그림에서 보는 바와 같이 산탄젤로 다리의 기초는 대단히 규모가 크면서도 매우 정교하다. 기초는 큰 암석을 다듬어서 모든 방향으로 쐐기 형태로 맞물리게 짜 맞추고 금속 죔쇠를 사용하여 대단히 정교하게 시공했다. 이것이 바로 2000년 가까운 세월이 지난 오늘날까지 다리가 온전한 상태로 전해 내려온 이유일 것이다.

19세기 말에는 '테베레 강변로 Lungotevere'를 건설하기 위해 다리의 계단을 철거하고 대신 로마 시대의 아치와 동일한 형태의 아치를 두 개 추가했다. 다리의 주 아치가 세 개에서 다섯 개로 늘어난 것이다. 강의 폭을 제한하고 높은 축대를 쌓아 완성한 '강변로'의 건설은 자주 발생하는 테베레강의 홍수를 막기 위한 대책이었다.[4] 파리의 센강을 본뜬 것이다. 지금 보는 테베레 강변의 모습은 그때 추진된 강 정비 사업의 결과다.

예수 고난의 도구들과 천사의 다리

> "고대의 하드리아누스 다리에는 조각상과 온갖 아름다운 장식으로 치장한 황동 기둥들로 구성된 회랑으로 덮여 있었다."

앞서 이야기한 팔라디오가 남긴 기록이다.[5] 사실 여부를 확인할 길은 없지만 위대한 황제가 자신의 영묘로 건너가기 위해 건설한 다리였기에 상당한 공을 들인 화려한 다리였을 것으로 짐작할 수 있다.

현재는 5개의 아치가 만나는 교각과 교대 위로 12개의 조각상이 세워져 있다. 다리 초입에 있는 성 베드로와 성 바오로 두 성인의 조각상은 1535년 교황 클레멘트 7세가 다리의 통행료 수입을 이용해 세운 것이다. 이 두 성인은 로마의 수호 성인들이다.

1669년, 교황 클레멘트 9세는 바로크 최고의 조각가 베르니니 Gian Lorenzo Bernini 에게 10개의 천사 조각상을 의뢰한다. 그러나 베르니니 생애 마지막 대형 프로젝트는 두 개의 조각상만을 완성하고 끝이 난다. 나머지 8개의 조각상은 여러 다른 작가들이 제작한 것이다. 그나마 이 두 개의 조각상 원본은 교황이 보관하다가 현재 산탄젤로 성에 보관되어 있고 다리에 서 있는 조각상은 복사본이다. 10명의 천사들이 각각 십자가와 면류관 등 예수 고난의 도구들을 하나씩 들고 서 있다.

창을 들고 있는 천사
(도메니코 귀디의 작품)

조각을 의뢰 받은 베르니니는 다리의 난간도 설계했다. 난간은 다이아몬드형 격자로 되어 있는데 그의 의도는 "강물이 흐르는 것을 보는 것은 큰 기쁨이므로" 테베레강이 최대한 잘 보이게 하는 것이었다.[6] 휘트니는 "큰 조각상들이 좁은 도로를 마주한 난간 위에 설치되어 있어 다리를 작게 보이게 하는" 효과가 있다고 지적한 바 있다.[7]
그러나 누가 뭐래도 이 조상들과 다리 입구에 버티고 있는 산탄젤로 성의 독특한 외관으로 인해 이 다리는 현재 로마에서 가장 아름다운 다리다.

산탄젤로의 불꽃놀이 지란돌라

"산탄젤로 성의 불꽃놀이는 정말 멋졌다. 배경 때문에!"

1787년 두 번째로 이탈리아를 방문한 괴테는 산탄젤로 성과 다리에서 벌어지는 불꽃놀이를 목격하고는 그의 여행 기록인 《이탈리아 여행》에 이렇게 적고 있다. 여기서 배경이라 함은 물론 산탄젤로 성과 다리를 지칭한다.

카피 Ippolito Caffi (1809~1866)라는 이탈리아 화가는 산탄젤로 성 위에서 뿜어져 나오는 지란돌라를 절묘하게 포착했다. 성에 이르는 다리 위와 성 건너편의 광장에도 사람들이 빽빽이 들어 차 있다. 칠흑처럼 어두운 밤하늘을 가르고 솟구치는 불꽃은 당시 관광객들에게 깊은 인상을 남겼으리라. 1845년 이 광경을 목격한 미국 작가 디킨스는 여행기 《이탈리아로부터의 그림들》에 이렇게 기록하고 있다.[8]

이폴리토 카피
〈로마의 산탄젤로 성의 지란돌라 불꽃놀이〉
1830년대, 캔버스에 유채, 36.6×46.5cm
코펜하겐 토르발트센 미술관

> "불꽃놀이는 엄청난 대포의 발사로 시작되었다. 그리고 이후 약 20분에서 30분간은 성 전체가 끊임없는 불꽃의 휘장으로 휩싸였다. 온갖 색깔, 크기와 속도의 번쩍이는 바퀴가 만드는 미로. 하늘 높이 솟구치는 로켓들의 행렬. 하나 둘이 아니라 수십 개, 어떨 때는 수백 개가 동시에 올라갔다. 그리고 마무리 지란돌라는 마치 웅장한 성 전체를 연기와 먼지도 없이 하늘로 폭파시켜 올려 보내는 것 같았다."

지란돌라는 1887년까지 종종 시행되어 왔으나 매년 열리는 연례행사는 아니었다. 아마도 희년 Jubilee이라든지 뭔가 특별한 해에만 열렸던 것 같다. 그런데

2008년 로마시는 이 역사적인 불꽃놀이를 재현하기로 결정한다. 미켈란젤로가 시스틴 성당 천정화를 그리기 시작한 지 500년이 되는 시점을 기념하기 위해서다. 이 불꽃놀이에 대중들이 열광하자 이후부터 매년 계속되고 있다. 로마의 수호성인인 성 베드로와 성 바오로의 기념일인 6월 29일에 열린다.

성 산탄젤로 다리의 아치. 아치 아래로 하류의 비토리오 이마누엘 다리가 보이고 그 너머에 성 베드로 성당의 돔이 보인다.

단테의 지옥에 등장하는 다리

"벌거벗은 죄인들이 바닥에 있었는데,
이쪽으로는 우리와 마주보며 걸어왔고
저쪽에는 같은 방향이지만 걸음이 빨랐다.

마치 희년에 수많은 군중 때문에
로마 시민들이 다리 위로 모여들어
많은 사람들이 지나가도록 배려하여

한쪽으로는 모두 성 쪽을 바라보고
성베드로 성당으로 가고, 다른
한쪽으로는 언덕을 향하는 것 같았다."

– 단테의 《신곡》 지옥편 제18곡 중에서[9]

여기서 등장하는 다리는 물론 산탄젤로 다리다. 그렇지만 실제의 다리에 대해 설명하기 위한 것은 아니다. 지옥에서 죗값을 치르고 있는 불행한 영혼들이 몰려다니는 모습을 단테는 1300년 희년에 산탄젤로 다리로 몰려드는 군중들을 떠올리고 그렇게 표현한 것이다. '천사의 다리'가 지옥에 등장하다니 무슨 아이러니인가. 교황파와 황제파로 나뉘어서 피비린내 나는 싸움질만 일삼는 교황들에 대한 단테의 풍자가 은연중 드러나 있다. 지옥 구덩이의 둘레길을 돌며 죄 지은 영혼들은 다리를 건넌다. 영원히! 지옥에도 다리는 있다.

보티첼리 〈지옥의 심연〉
1480년경
패널에 색채 드로잉
32×47cm, 바티칸 도서관

1 http://www.rusartist.org/silvestr-feodosievich-shchedrin-1791-1830/

2 http://www.romeartlover.it/Vasi86.html

3 Brown, David J. (1996). Bridges: Three Thousand Years Defying Nature, Mitchell Beazley, London, pp. 20-21

4 https://en.wikipedia.org/wiki/Lungotevere

5 Whitney, Charles S. (2003) [orig. pub. 1929]. Bridges of the World: Their Design and Construction. Mineola, New York: Dover Publications. pp. 65-66

6 http://www.romeartlover.it/Vasi85a.htm

7 위의 휘트니 책 p. 44

8 http://www.romeartlover.it/Girandola.html

9 단테 알리기에리, 《신곡: 지옥》, 김운찬 옮김, 열린책들, 2007, pp. 141-142

18. 라파엘로와 밀비우스 다리

Raphaello and Ponte Milvio

라파엘로 산치오 <밀비우스 다리의 전투>
1520~1524년, 프레스코 90.3 x 189cm
로마 바티칸 미술관

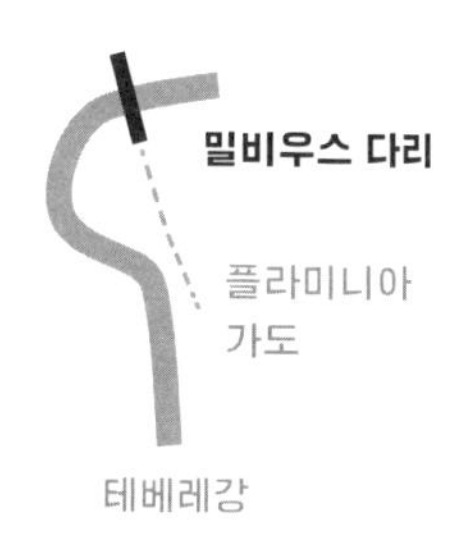

밀비우스 다리의 전투에서 승리한 콘스탄티누스는 로마로 입성하여 황제의 입지를 굳혔다. 그리고 이듬해 밀라노 칙령을 공표하여 로마 제국에 종교의 자유를 허용하고 기독교를 인정했다. 밀비우스 다리에서 벌어진 전투가 그 후 천 년 동안이나 지속된 중세로 가는 문을 연 것이다.

군사들이 엉켜서 화면을 가득 채우고 있다. 로마 외곽 밀비우스 다리 부근에서 콘스탄티누스의 군대가 막센티우스의 군대를 무찌르는 광경이다. 중앙에는 황금색 갑옷을 입고 백마를 탄 콘스탄티누스가 창을 들고 있고 황금색 왕관 위로 천사들이 떠 있다. 기독교의 권능이 전투를 승리로 이끌고 있음을 나타낸다. 오른편 아래쪽에 말과 함께 강물에 빠진 막센티우스가 보인다. 그도 머리에 왕관을 쓰고 있으나 이미 대세는 기울어 그의 종말이 임박했음을 보여주고 있다.

이 그림은 르네상스의 거장 라파엘로 Raphaello Sanzio (1483~1520)가 그린 〈밀비우스 다리의 전투〉라는 작품이다. 바티칸궁에 있는 네 개의 '라파엘로 방들' 중 '콘스탄티누스의 방'에 있는 프레스코 벽화다. 1517년에 그림을 시작한 라파엘로가 1520년 37세의 나이로 죽자 그의 제자들이 1524년 벽화를 마무리했다.

콘스탄티누스의 방에 그려진 벽화

앞의 그림에서 오른쪽에 보이는 조그마한 아치가 밀비우스 다리다. 두 개의 아치로 이루어진 규모가 작은 돌다리로 묘사되어 있다. 이 그림은 밀비우스 다리의 전투가 벌어진 지 1200년이 지난 후에 그려진 작품이다. 라파엘로는 당시의 밀비우스 다리의 모습을 상상해서 그렸을 것이다. '밀비우스 다리의 전투'로 회자되는 이 역사적 사건은 당시 다리의 모습에 대해 궁금증을 자아낸다. 어떤 형식과 규모의 다리였을까?

이 벽화는 '십자가의 비전 Vision of the Cross'이라 불리는 그림과 함께 제작되었는데 그림의 구도는 물론 라파엘로가 구상했을 것이다. 벽화의 아래 부분에는 다음과 같은 내용의 표식이 붙어 있다.

> "기독교의 지원에 힘입어 승리하는 황제 발레리우스 아우렐리우스 콘스탄티누스와 물에 빠진 막센티우스"

밀비우스 다리가 직접 언급되어 있지는 않다. 그러나 콘스탄티누스가 그의 경쟁자 막센티우스를 패배시켰다는 것이 강조된 것을 보면 결국 다신교에 대한 기독교의 승리를 기념하고 있는 것이라고 할 수 있다.

몰비우스가 건설한 다리

밀비우스 다리 Pons Milvius (현재는 Ponte Milvio)는 로마의 북쪽에서 테베레강을 가로지르는 다리다. 이 다리는 로마 제국에게 전략적으로 중요한 다리였다. 다리를 건너 남쪽으로 플라미니아 가도를 따라 3km 정도를 내려오면 곧바로 로마의 중심에 다다른다. 이 다리는 기원전 110년경에 건설된 석재 아치교로 길이는 136m 폭은 8.75m이다. 6개의 아치로 이루어졌으며 가장 긴 아치 경간은 18.6m다.[1]

이 다리에 대한 언급은 기원전 207년에 처음 등장하는데, 이를 통해 다리의 건설이 당시 집정관 가이우스 클라우디우스 네로의 '메타우루스 전투의 승리'와 관련이 있는 것으로 알려져 있다.[2] 당시의 다리는 목재 다리로서 몰비우스 Molvius라는 기술자가 건설했다고 전해진다. '몰비우스 다리'이던 것이 시간이 지나면서 '밀비우스 다리'로 변천된 것이 아닌가 싶다. 기원전 110~109년, 집정관 마르쿠스 스카우루스가 이 나무 다리를 허물고 돌다리로 재건했다. 이로부터 400년이 지난 후, 콘스탄티누스는 그의 경쟁자였던 막센티우스를 이 돌다리에서 무찌른 것이다.

로마에서 가장 오래된 다리

중세에 이르러 낡고 약해진 다리는 여러 차례 보수된다. 1429년에는 교황 마르티누스 5세의 명을 받아 무너져가는 다리가 보수되었다. 1805년에는 발라디에르 Giuseppe Valadier (1762~1839)라는 기술자가 또 한 차례 대대적인 보수를 시행했다. 그는 다리 양편에 있던 도개교를 헐어내고 아치를 복원했으며 다리 북쪽에 신고전주의 형식의 성문을 건설했다.

현재의 밀비우스(밀비오) 다리. 왼편의 다리 입구에 성문이 서 있다.

대대적인 보수를 거친 다리는 반세기도 지나기 전인 1849년 폭파되고 만다. 이탈리아의 제1차 독립전쟁 당시 이탈리아 통일의 영웅인 가리발디 Giuseppe Garibaldi (1807~1882)에 의해서다. 로마에서 선포한 '로마 공화국'을 무너뜨리기 위해 프랑스군이 급파되었고, 이를 저지하기 위한 소위 '로마 포위' 때다. 프랑스군에 밀려 결국 로마를 포기하게 되는 가리발디는 저항 운동을 계속하며 훗날을 기약하기 위해 일단 피신했다. 그때 가리발디는 "우리가 어디에 있든지, 로마는 거기 있을 것이다"라는 유명한 말을 남겼다.

다음 해 교황 피우스 9세에 의해 다리가 복원되었고 이 다리가 현재까지 전해지는 밀비우스(밀비오) 다리다. 실제 '밀비우스 다리의 전투'가 있었던 당시의 다리 모습을 정확히 알 도리는 없다. 하지만 강폭의 변화가 크지 않았다면 로마의 교량 기술로 미루어 규모와 형식 면에서 지금의 다리와 크게 다르지 않았을 것으로 짐작된다.

밀비우스 다리에서 로마를 얻다

'밀비우스 다리의 전투'는 AD 312년 10월 28일 콘스탄티누스와 그의 강력한 경쟁자였던 로마의 막센티우스 사이에 벌어진 전투를 말한다. 이 전투에서 승리한 콘스탄티누스는 로마로 입성하여 황제의 입지를 굳혔다. 전쟁 이듬해인 313년 콘스탄티누스는 공동 황제 리키니우스와 함께 '밀라노 칙령 Edict of Milan'을 공표하여 로마 제국에 종교의 자유를 허용하고 기독교를 인정했다.

콘스탄티누스 대제 Constantine the Great (AD 272~337)는 337년까지 로마의 황제로 군림했다. 기독교인들에 대한 박해를 중지하고 강력한 황제가 되어 역사상 가장 위대한 황제 중 한 명으로 자리매김했다. 기독교로 개종한 최초의 로마 황제이기도 하다. 그러나 흥미롭게도 생전에는 기독교로 개종하지 않고 있다가 337년 임종에 이르러서야 기독교로 개종했다고 전해진다. 이는 아마도 역사상 최초의 '임종 개종' 기록일 것이다.

콘스탄티누스는 비잔티움에 새 수도를 건설하고 '신 로마'라 명명했다. 그러나 시민들은 그의 공적을 기리기 위해 그의 이름을 딴 '콘스탄티노플'로 불렀다. 이 도시는 결국 이후 천 년 이상 동로마 제국의 수도가 되면서 콘스탄티누스는 동로마 제국을 건설한 위대한 황제로 기억된다. 콘스탄티노플이 현재의 이스탄불이다.

권력투쟁의 서막

밀비우스 다리의 전투가 일어나게 된 원인은 사두정치 Tetrarchy 즉 '사분 통치 체제'라는 로마 제국의 독특한 권력 시스템으로부터 출발한다. 네 명의 황제 즉 '아우구스투스'라 불리는 정제 두 명과 '카이사르'라 불리는 부제 두 명이 제국을 사등분해서 지배하는 구조다. 305년 사두정치를 창설한 디오클레티아누스가 막시미아누스와 함께 퇴위하고 제2기 사두 체제가 출범하지만 곧 위험한 권력투쟁이 시작된다.

306년 로마 제국 서부 정제 콘스탄티우스가 갑자기 죽자 그의 군사들은 그의 아들 콘스탄티누스를 정제로 추대한다. 그러자 동부의 원로 정제 갈레리우스는 사두정치 체제를 지키기 위한 타협안으로 콘스탄티누스를 부제로 인정하고 부제였던 세베루스를 서부의 정제로 승격시킨다.

한편 로마에서는 선제 막시미아누스의 아들이자 갈레리우스의 사위인 막센티우스가 스스로에게 황제의 칭호를 부여한다. 그러자 갈레리우스는 막센티우스가 황위를 찬탈한 것으로 간주하고 세베루스를 로마의 막센티우스에게 보낸다. 그러나 세베루스의 군대는 막센티우스에게 투항해버리고 세베루스는 포로가 되어 결국 죽임을 당한다. 그러자 갈레리우스 자신이 군대를 끌고 군사행동에 들어가지만 성공하지 못한다. 결국 선제 디오클레티아누스와 막시미아누스 그리고 정제 갈레리우스 세 사람이 모여 공석이 된 서부 정제에 리키니우스를 임명한다. 이에 막센티우스는 불만을 품게 되고 아버지 막시미아누스와 논쟁 끝에 갈라서게 된다.

AD 311년, 제국의 선임 정제이던 갈레리우스가 갑자기 죽게 되면서 사두 체제는 더욱 위태로워진다. 서부 정제 리키니우스가 동부 정제로 수평이동을 하지만 서부의 부제 콘스탄티누스를 정제로 승격시키지 않는다. 이제 로마 제국은 정제 1인에 부제 2인 그리고 스스로 황위에 오른 로마의 막센티우스까지 네 사람이 뒤엉켜 싸우는 형국으로 변했다.

막센티우스 처단을 위해 직접 나서다

312년 봄 콘스탄티누스는 리키니우스와 동맹을 맺고 직접 막센티우스를 처단하기 위해 출정한다. 알프스를 넘어 이탈리아로 진격한 콘스탄티누스는 토리노와 베로나에서 막센티우스 군대를 차례로 무찌르고 로마를 향해 진군한다. 콘스탄티누스는 인기 관리를 잘하는 정치적인 군인이었으므로 커다란 저항 없이 로마에 다다른다. 막센티우스는 전에 했던 대로 로마 성안에 자리 잡고 '버티기' 작전으로 나간다. 로마의 근위대가 그의 휘하에 있었고 식량도 많이 비축되어 있었으며 로마는 '아우렐리우스 성벽'으로 둘러싸인 난공불락의 요새였기 때문이다.

콘스탄티누스는 서두르지 않고 로마 북쪽의 간선도로인 플라미니아 가도 Via Flaminia를 따라 서서히 로마를 향해 다가간다. 이는 시간을 벌어 막센티우스의 로마가 내분으로 스스로 약화되기를 기다리기 위한 포석이기도 했다. 과연 막센티우스에 대한 지지는 서서히 약화되기 시작한다. 10월 27일 로마에서 벌어진 전차 시합에서 군중들은 막센티우스에게 야유를 보내고 "콘스탄티누스는 무적이다"라는 함성을 지르기도 했다고 한다. 그러자 막센티우스는 초조해진다. 이러다가 버티기 작전이 실패로 돌아갈지 모른다는 불안감에 막센티우스는 성 밖으로 나아가 전면전을 벌이기로 마음을 바꾼다.

10월 28일은 막센티우스가 스스로 황제로 즉위한 지 6년째 되는 기념일이었다. 신탁을 받은 막센티우스는 바로 오늘 "로마 시민의 적"이 죽을 것이라는 예언을 듣는다. 그래서 막센티우스는 그가 생각한 "로마의 적" 콘스탄티누스를 맞아 싸우기 위해 모든 병력을 소집하여 북쪽으로 나아간다. 성문을 나서 플라미니아 가도를 따라 북상한 막센티우스는 로마 북쪽에 있던 밀비우스 다리를 건너간다. 강을 등지고 전장에 모인 그의 병력은 콘스탄티누스의 병력 4만보다 훨씬 큰 규모였다.

이 문장과 함께 승리하리라

곧 콘스탄티누스의 군대가 도착하는데 군대의 깃발과 병사의 방패에 낯설고 특이한 무늬가 새겨져 있었다. 사연은 이렇다. 콘스탄티누스는 낮에 진군을 하다 하늘에서 햇살의 광채에 나타난 십자가를 본다. 십자가에는 “In Hoc Signo Vinces” 즉 “이 문장과 함께 승리하리라”라는 글이 새겨져 있었다. 콘스탄티누스는 이 계시를 받들고 P와 X가 합쳐진 형태의 문장을 사용하여 전장으로 나아간 것이다. 잘 알려진 대로 심볼 카이Chi(X)와 로 Rho(P)는 그리스어로 예수의 첫 두 글자였다.

18세기의 유명 미술가이자 건축가였던 피라네시의 판화 〈밀비우스 다리〉

콘스탄티누스는 그의 군대를 막센티우스의 군대가 만든 전열을 따라 배치하고는 기병대에게 공격을 명령한다. 그의 기병대는 전쟁 경험이 별로 없던 막센티우스의 기병대를 쉽게 무너뜨린다. 콘스탄티누스는 뒤이어 보병들을 보내 막센티우스의 보병을 밀어붙인다. 막센티우스의 군사는 공격다운 공격을 한 번도 해보지 못한 채 허둥지둥 무너져 내린다. 지리멸렬한 채 뒤로 밀리다가 강에 빠져 죽거나 살육을 당한다. 막센티우스의 기병대는 제자리를 지키고 있다가 콘스탄티누스의 기병대가 공격해 오자 혼비백산하여 강 쪽으로 도망치기 바빴다.

막센티우스는 기병대와 함께 강 쪽으로 후퇴하여 밀비우스 다리를 다시 건너고자 하였다. 북쪽으로 다리를 건너갈 때는 질서정연하게 이동했겠지만 황급히 후퇴하는 상황에 무슨 질서가 있었겠는가. 막센티우스는 도망치는 군사들에 떠밀려 테베레강에 빠져 익사하고 만다. 그리고 전투는 싱겁게 끝나버렸다. 다음날 로마로 입성한 콘스탄티누스는 원로들의 수행을 받으며 거리를 가득 메운 로마 시민의 열렬한 환영을 받았다.[3]

막센티우스의 시체는 강바닥에서 인양되어 참수되었다. 잘린 머리는 모든 로마 시민들이 볼 수 있도록 창끝에 매달려 로마에 입성하는 콘스탄티누스 군대의 선두에 섰다.[4] 가두행진이 끝난 후에 그의 머리는 골칫덩어리 속주였던 카르타고로 보내졌고, 카르타고는 더 이상 로마에 저항할 의지를 꺾게 된다.

서양의 역사를 바꾼 다리

'밀비우스 다리의 전투'는 로마의 역사, 더 나아가 서양의 역사를 바꾸었다. 312년, 이 다리에서 벌어진 전투가 그 후 천 년 동안이나 지속된 중세로 가는 문을 연 것이다. 그리고 밀비우스 다리는 오늘날까지 계속되고 있는 기독교 세계로 인도하는 다리가 되었다.

그래서일까? 이 다리는 연인들이 불멸의 사랑을 언약하고 '사랑의 자물쇠'를 채우는 성지가 되었다. 사실 파리나 쾰른을 비롯해 세계 곳곳의 다리에 사랑의 자물쇠를 채우는 의식이 열병처럼 번졌지만 그 원조는 단연 밀비우스 다리다. 이 의식은 페데리코 모치아 Federico Moccia라는 작가의 베스트셀러 소설

《난 널 원해 Ho voglia di te》와 이후 제작된 동명의 영화에 등장하는 밀비우스 다리에서 시작된 것이기 때문이다.[5]

다리의 가로등에 매달린 연인의 자물쇠들

막센티우스가 로마를 통치하던 시절, 막센티우스는 스스로를 "로마의 수호자"로 자처하고 로마를 "자신의 도시"로 불렀다. 막센티우스는 그 결전의 날에 로마 건국의 신화를 떠올렸을 것이다. 콘스탄티누스를 무찌르고 로마의 새로운 건국자로 기억되기를 꿈꾸었을지도 모른다. 그러나 그날 죽음을 맞을 거라던 "로마 시민의 적"은 바로 막센티우스 자신이었다. 막센티우스는 악역을 맡아 콘스탄티누스를 영웅으로 만들고는 역사의 뒤안길로 사라졌다. 그리고 이 모든 것의 무대가 된 밀비우스 다리는 1700년이 지난 오늘날도 역사의 현장을 묵묵히 지키고 있다.

1 http://structurae.net/structures/data/index.cfm?id=s0001260

2 기원전 207년 제2 로마-카르타고 전쟁 시 이탈리아의 메타우로 강변에서 벌어진 전투다. 여기서 한니발의 동생 하스드루발이 이끈 지원 병력이 로마에 패배함으로써 한니발의 입지가 불리해졌다.

3 Raymond Van Dam, Remembering Constantine at the Milvian Bridge, Cambridge University Press, Cambridge, 2011, pp. 254-258.

4 시오노 나나미, 《로마인 이야기》 제13권: 최후의 노력, 김석희 옮김, 한길사, 2005, p. 215.

5 http://www.nytimes.com/2007/08/05/world/europe/05iht-rome.4.6991537.html?_r=0

19. 로제티와 폰테베키오

Rossetti and Ponte Vecchio

단테 가브리엘 로제티
<베아타 베아트릭스>
1870년, 캔버스에 유채
86.4 x 66cm
런던 테이트 미술관

단테는 정쟁의 소용돌이 속에서 35세에 추방당하여 이곳저곳을 유랑하며 지냈다. 피렌체 시민들이 지신을 계관시인으로 맞이해줄 것을 소원했지만 끝내 그 꿈을 이루지 못하고 1321년 객지에서 세상을 떴다. 그를 유랑의 고난으로 몰아냈던 그 피비린내 나는 정쟁이 바로 이 다리에서 시작되었던 것이다.

> "축복받은 베아트리체는 이제 모든 시대를 초월하여 축복받는 그분의 얼굴을 계속해서 바라볼 수 있을 것이다."
>
> – 단테 《새로운 인생》의 마지막 구절[1]

영국의 라파엘전파 화가인 로제티 Dante Gabriel Rossetti (1828~1882)가 1870년에 완성한 작품이다. 제목은 '베아타 베아트릭스 Beata Beatrix'로 '축복받은 베아트리체'다. 베아트리체라는 이름도 '축복을 주는 자'라는 뜻이니 그림 제목이 자못 의미심장하다.

이 그림은 단테의 《새로운 인생》에 등장하는 베아트리체 포르티나리의 죽음을 묘사한 것이다. 시인이기도 한 로제티가 어린 시절부터 관심을 갖던 《새로운 인생》은 본인이 직접 번역하여 1861년 《초기 이탈리아의 시인들》[2] 이라는 책으로 출간했다. 로제티의 퍼스트네임이 단테인 것은 우연이 아니다.

평생 단 두 번 만났을 뿐인데

1274년, 아버지의 손에 이끌려 참석한 연회에서 아홉 살의 단테는 베아트리체를 처음 만난다. 그리고 9년 후인 1283년, 그들은 길에서 우연히 다시 한 번 마주치는데 이때 베아트리체는 단테에게 인사를 건넨다. 단테는 "그때부터 사랑이 나의 영혼을 지배했다"고 한다.

그러나 7년 후인 1290년 베아트리체가 갑자기 세상을 떠나자 슬픔에 빠진 단테는 그때까지 베아트리체를 연모하며 썼던 시를 엮어 《새로운 인생 La Vita Nuova》(1295)을 간행했다.

단테는 《새로운 인생》의 마지막 부분에서 "베아트리체에 대하여 아직까지 어떤 여자에 대해서도 씌어진 적이 없는 작품을 쓸 것이다"라고 다짐한다.[3] 이 약속은 한참 뒤에 결국 《신곡》이라는 걸작으로 실현되었다. 《신곡》에서 베아트리체는 '지옥'에서는 그의 중재자가 되고 '연옥'에서는 그의 목표가 되며 '천국'에서는 그를 이끌어주는 안내자로 등장한다.

베아트리체 또는 시달의 죽음

이 그림이 특별한 것은 로제티가 죽은 자신의 아내 시달 Elizabeth Siddal (1829~1862)을 베아트리체의 모델로 삼았다는 것이다. 로제티와 시달의 사랑이 단테와 베아트리체의 애틋한 사랑과 중첩된다. 단테가 연모해 마지않던 베아트리체가 24세에 요절한 것처럼, 시달 또한 32세의 젊은 나이에 세상을 떠났다. 시달은 아이를 사산한 후 우울증에 시달리다가 아편 과다복용으로 죽었다.[4] 슬픔에 잠긴 로제티는 시달이 죽은 지 1년 후 이 그림을 시작했지만 7년 후에야 그림을 완성했다.

그림 속에서 눈을 지그시 감은 베아트리체는 손을 앞에 모으고 얼굴을 하늘로 쳐들고 있다. 죽음에 이르는 상황이라기보다는 신에게 갈구하며 기도하는 듯 혹은 환각 상태에 빠진 듯 그려졌다. 그러나 이 그림에는 죽음을 의미하는 여러 상징이 등장한다.

성령의 상징인 붉은 비둘기가 시달의 손에 물어다 주는 흰 양귀비는 그녀를 죽음으로 몰아넣은 아편을 의미한다. 그녀의 머리 위로 단테가 베아트리체를 만나고 사별했던 중세 도시 피렌체가 흐릿하게 비친다. 그림 오른편에서 단테가 왼편의 베아트리체를 바라보고 있다. 정열을 의미하는 붉은 옷을 입고 있는 베아트리체는 죽음을 암시하는 듯 손에 깜박거리는 불꽃을 들고 서 있다. 길게 드리운 해시계의 그림자는 베아트리체가 죽은 시각인 9시를 가리키고 있다.

> "베아트리체의 죽음 자체의 재현이 아니라, 무아의 경지 또는 갑작스런 영혼의 변용으로 상징되는 주제의 이상을 표현하고자 했다."[5]

로제티는 1873년 지인에게 보낸 편지에 이렇게 적고 있다. 목이 너무 길고 뻣뻣해서 과연 사람의 목인가 싶을 정도로 부자연스럽지만 아무튼 이 그림은 로제티의 대표작으로 자리매김하게 되고 시달은 일약 베아트리체의 화신이 되어버렸다.

단테 가브리엘 로제티
〈베아트리체의 경배〉
1859년, 패널에 유채
160×74.9cm
캐나다 오타와 국립미술관

위의 그림은 시달이 죽기 전인 1859년에 그린 〈베아트리체의 경배〉라는 작품으로 역시 단테의 《새로운 인생》에서 영감을 받은 것이다. 왼편 그림은 계단을 내려가던 베아트리체가 계단을 오르던 단테에게 인사를 하며 스치는 장면이다. 아마도 단테가 18세가 되던 해 다리 근처에서 우연히 그녀와 만나는 장면일 것이다. 오른편 그림은 베아트리체가 죽은 후 단테가 베아트리체를 영원한 에덴동산에서 재회하고 사랑을 약속하는 장면이다.

라파엘로 이전으로 돌아가라

라파엘전파 Pre-Raphaelite Brotherhood는 사회 개혁에 대한 요구로 어수선한 1848년 영국에서 결성된 젊은 예술가들의 단체였다. 로제티, 밀레이, 헌트 등을 주축으로 한 일곱 명의 반항아들이 만든 비밀 조직이었다. '라파엘전파'라는 이름에서 드러나듯이 이탈리아 르네상스 미술의 정점을 찍은 라파엘로의 미술 이전으로 돌아가자는 것이 그들의 취지다. 그들은 당대 아카데미 미술에 만연했던 감상적이고 진부한 화풍을 경멸했다. 그들은 다시 순수한 감수성, 진지한 태도, 그리고 진솔한 미감을 회복함으로써 예술의 재활과 도덕적 개혁을 추구하고자 했다.

〈베아트리체의 경배〉는 이런 의미에서 〈베아타 베아트릭스〉에 비해 라파엘전파의 이상에 보다 더 충실한 그림이라고 볼 수 있다. 20년 정도 후에 그린 〈베아타 베아트릭스〉는 말기 라파엘전파의 전형을 보여주면서도 심령주의적 요소나 분위기 등 후에 유행할 상징주의적 경향이 나타나고 있다.

피렌체의 명소가 되다

그림 〈베아타 베아트릭스〉를 보면 베아트리체의 머리 주변으로 희미하게 피렌체의 풍경이 어른거린다. 단테가 뮤즈 베아트리체를 만났던 장소이며 지순한 사랑의 무대가 된 장소다. 단테의 말대로 베아트리체의 죽음을 슬퍼하는 피렌체는 "얼마나 외롭게 서 있는가!" 중앙에 어렴풋이 보이는 다리의 실루엣은 피렌체를 상징하는 다리 '폰테베키오'일 것이다. 다리는 남녀가 만나 사랑에 빠지기 쉬운 위험한 장소라던가.

> 졸리는 교각 사이로 아르노는 달콤하게 흐르고
>
> 연인들을 바라보며 고개를 끄덕… 끄덕

벤베누토 첼리니 화난 모습 감추지 않고

나는 쳐들 거야 촛불을… 촛불을

– 리카르도 마라스코[6] 〈폰테베키오 위에서〉

폰테베키오 Ponte Vecchio 즉 '오래된 다리'는 피렌체를 흐르는 아르노강에 서 있는 다리다. 이 다리가 지나는 지점은 아르노강이 가장 좁아지는 곳이다. 그래서 이곳에는 로마 시대부터 다리가 있었을 것으로 짐작되지만 다리에 관한 최초의 기록은 996년에야 등장한다. 이 최초의 다리는 1117년의 홍수로 무너지고, 이후 석재로 재건한 교량도 1333년의 역사적인 홍수로 가운데 두 개의 교각만 남긴 채 쓸려가고 만다.

우피치 미술관에서 내려다 본 폰테베키오와 바사리 통로

현재의 폰테베키오는 1345년에 건설된 다리다. 이 다리는 세 개의 세그멘탈 아치로 이루어져 있으며 주 아치의 경간은 30m이고 양측 경간은 각 27m다. 죠르죠 바사리[7]의 기록에 의해 가디 Taddeo Gaddi가 다리를 설계했다고 믿어져 왔으나, 최근의 연구에 의하면 피오라반티 Neri di Fioravanti가 설계자라는 주장이 설득력을 얻고 있다. 다리 양편으로 늘어선 보석상과 기념품 가게 건물들이 강 쪽으로 들쑥날쑥 튀어나온 독특한 모습은 수세기에 걸친 개축과 증축에 의한 것이다. 이 독특한 모습으로 인해 폰테베키오는 관광객들이 즐겨 찾는 피렌체의 명소가 되었다.

1565년 메디치 대공 코시모 1세는 죠르죠 바사리로 하여금 피렌체의 베키오 궁과 새로 구입한 강 건너의 피티궁을 연결하기 위한 통로를 건설하게 한다. 이 통로의 건설은 코시모의 아들 결혼에 맞춰 이루어지는데 코시모가 국정을 보는 궁전과 강 건너에 있는 저택 사이의 통행을 보다 개인적이고 편안하게 하기 위한 것이었다. 당시 대부분의 군주들이 그랬듯 그도 군중 속에서 신변에 불안을 느꼈을 것이다. 그래서 들쭉날쭉하던 다리 위의 상점들 위로 코시모의 개인 비밀 통로가 만들어진 것이다. 그러나 현재 이 '바사리 통로' 아래에 모여 있는 보석상들이 원래부터 거기에 있었던 것은 아니었다.

푸줏간 냄새가 진동하던 다리

1442년, 피렌체의 관리들은 시의 위생과 청결을 위해 시내의 모든 푸줏간과 정육점들을 다리 위로 옮기도록 명령한다. 푸줏간들을 귀족들의 저택과 궁전으로부터 격리하기 위한 조치였다. 이는 아침마다 푸줏간에서 나오는 쓰

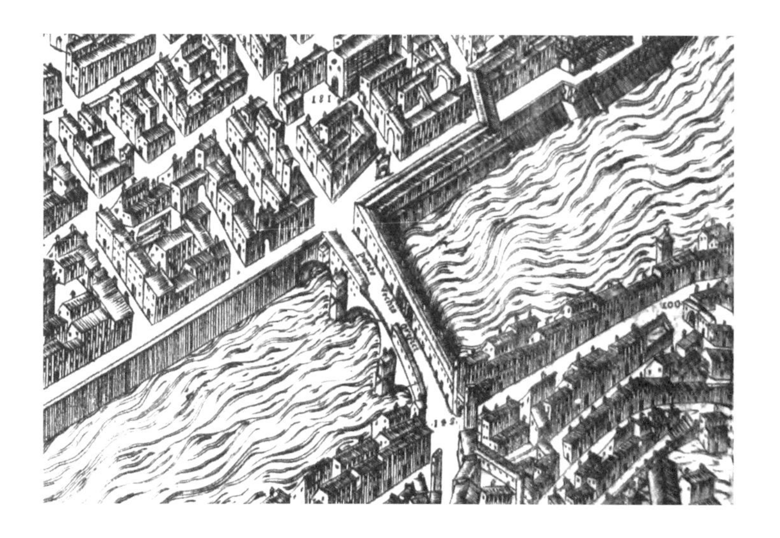

1594년경 푸줏간들이 쫓겨난 직후의 다리 모습

레기를 수레에 싣고 아르노강으로 가는 길에 흘리는 냄새 고약한 오물 때문이었다. 강 위에서는 쓰레기를 모으고 운반할 필요도 없이 그때그때 다리 아래로 던져버리기만 하면 되었다. 그래서 다리는 고기 시장이 되었고 푸줏간 조합이 다리를 독점하게 된다.

그러나 푸줏간 주인들은 좁은 공간을 넓히기 위해 마구잡이로 집을 달아내고 증축을 해댄다. 집들이 삐죽삐죽 강물 위로 내밀게 되면서 현재의 독특한 모습의 다리로 변하기 시작한다. 그로부터 약 한 세기 반이 지난 후인 1593년, 왕 페르디난드 1세는 바사리 통로를 지나게 된다. 그런데 특별히 예민한 코를 가졌던지 그는 아래층에서 올라오는 푸줏간 냄새를 참지 못한다. 결국 그는 품위 없는 푸줏간들을 쫓아내고 금세공과 보석 가게들로 교체해버린다.

히틀러가 살려 둔 다리

1938년 동맹을 위해 이탈리아를 찾은 히틀러는 무솔리니와 함께 이 다리를 방문한다. 이 방문을 위해 다리 중앙의 '바사리 통로'에 창문 세 개를 만들게 된다. 히틀러가 강 하류의 경관을 제대로 감상하게 하기 위한 배려였다. 이러한 인연이 작용했던 것일까?

1944년 제2차 세계대전이 막바지에 이르던 무렵. 강 북쪽으로 쫓기던 독일군은 아르노강의 다리들을 모조리 폭파한다. 그런데 웬일인지 폰테베키오만은 남겨둔다. 전해오는 이야기로는 문화재를 사랑했던 히틀러의 긴급명령으로 폭파 직전에 간신히 목숨을 건지게 되었다는 것이다.

평화의 시대를 끝내는 제물이 되다

폰테베키오는 위대한 시인 단테와 인연이 많은 곳이다. 다리 북쪽 입구에는 단테의 시 한 구절이 붙어 있다.[8] 그러나 다리를 칭송하거나 축복하는 글이 아니다. 흥미롭게도 1216년에 이 다리에서 일어난 사건으로 피렌체의 평화가 깨진 것을 개탄하는 글이다.

> "… 하지만 피렌체는 마지막 평화 시에
> 다리를 지키는 그 부서진 돌에
> 희생물을 바칠 필요가 있었지"
> – 단테 《신곡》 '천국' 16장 145~147행[9]

이 시의 내용인즉슨 이렇다. 어느 날 피렌체에서 귀족이 된 한 청년을 축하하는 연회가 열렸다. 아미데이 가문에서 열린 이 연회에 부온델몬테Buondelmonte라는 청년이 손님으로 찾아온다. 그런데 이 청년은 아미데이 가문의 청년과 시비가 붙어 상대 청년의 팔을 칼로 찌르는 사고를 친다. 원로들이 모여 회의를 열고는 부상과 불명예에 대한 보상으로 부온델몬테가 아미데이 가문의 처녀와 정혼할 것을 결정한다. 그리고 곧 두 가문 사이의 혼사를 공식적으로 알리는 약혼식 행사를 열기로 한다.

다리 입구에 붙은 단테의 시

약혼식 날, 동네 사람들이 광장에 모였다. 그런데 말을 타고 등장한 부온델몬테는 예상과 달리 아미데이 가문 쪽 사람들을 그냥 지나치더니 도나티 가문에 속한 여자의 손을 덥석 잡는 것이 아닌가. 아미데이가의 친척들이 다시 모여 가문의 치욕을 복수할 방법을 의논한다. 얼굴에 상처를 내줄까, 흠씬 두들겨 패줄까를 고민하던 그들은 결국 부온델몬테를 죽이기로 결정한다.

부활절 아침, 흰 옷을 차려 입은 부온델몬테는 백마를 타고 도나티 가문의 여인과의 결혼을 위해 폰테베키오를 건넌다. 그가 다리의 수호신인 마르스의 석상이 있는 자리에 도착하자 기다리고 있던 아미데이 가문의 사람들이 달려들어 그를 말에서 끌어내리고 칼로 난자해 죽여버린다. 이때가 1216년이었다.

그러나 이 사건은 그저 시작일 뿐이었다. 이 사건은 이후 피렌체 사람들이 두 패거리로 나뉘어 목숨을 건 싸움을 벌이는 정쟁의 단초가 된다. 부온델몬테 가문 편을 든 쪽은 궬프당 Ghelphs이라 불리는 '교황 옹호파'가 되고, 아미데이 가문의 편을 든 쪽은 기벨린당 Ghibellines이라 불리는 '황제 옹호파'가 되어 피비린내 나는 싸움을 벌이게 된 것이다.

단테의 꿈

단테의 시에 등장하는 '부서진 돌'은 다리 입구에 서 있던 군신 마르스의 깨진 석상을 가리킨다. 이 전쟁의 신은 오랫동안 이탈리아인들이 숭배하는 대상이었고 폰테베키오의 수호신이었다. 그러나 이 기나긴 원한과 분열의 단초를 제공했던 깨진 석상도 1333년의 대홍수로 다리와 함께 쓸려가 버린다.

피렌체는 원래 '꽃의 도시'라는 뜻을 지니고 있다. 그러나 당시 피렌체는 평화와 사랑의 꽃을 피우지 못하고 피비린내 나는 정쟁의 회오리바람 속에서 끝없는 싸움만이 전개되던 도시였다.

단테도 정쟁의 소용돌이 속에서 35세에 추방당하여 이곳저곳을 유랑하며 지냈다. 피렌체 시민들이 자신을 계관시인으로 맞이해줄 것을 소원했지만 끝내 그 꿈을 이루지 못하고 1321년 객지에서 세상을 떴다. 그래서 단테는 고향이자 그토록 사랑했던 베아트리체가 잠들어 있는 피렌체에 묻히지 못하고 라벤나의 성 프란체스코 사원에 잠들어 있다. 그를 유랑의 고난으로 몰아냈던 그 피비린내 나는 정쟁이 바로 이 다리에서 시작되었던 것이다.

1 Dante Alighieri, The New Life, Trans. by D. G. Rossetti, Ellis and Elvey, London 1899, pp. 159 (eBook Project Gutenberg) http://www.gutenberg.org/files/41085/

2 Dante G. Rossetti (Ed. Trans.), Dante and His Circles: with The Italian Poets Preceding Him., Roberts Brothers, Boston, 1887.
https://archive.org/details/danteandhiscirc02aliggoog

3 위의 1과 동일

4 우정아, 《명작, 역사를 만나다》 아트북스, 2012, p. 246

5 아래의 사이트에서 재인용
http://www.victorianweb.org/painting/dgr/paintings/6.html

6 마라스코 Riccardo Marasco (1938~)는 이탈리아의 피렌체 민속음악가이며 음유시인이다. 시 속에 등장하는 벤베누토 첼리니 Benvenuto Cellini (1500~1571)는 피렌체 출신의 유명 금세공사, 조각가, 작가로 그의 흉상이 다리 중앙의 광장에 서 있다.

7 바사리 Giorgio Vasari (1511~1574)는 피렌체의 화가, 건축가이자 예술행정가다. 그의 저서 《예술가 열전》은 세계 최초의 본격적인 미술사라고 할 수 있는데 최근 기록의 정확성에 대해 도전을 받고 있다.

8 Ida Riedisser, Inscriptions from Dante's Divina Commedia in the Streets of Florence, Explained and Illustrated, Alfieri & Lacroix, Milano, 191, p.39

9 단테 알리기에리, 《신곡: 천국》, 김운찬 옮김, 열린책들, 2007, p. 147

20. 조토 다리와 치마부에 다리

Ponte di Giotto and Ponte di Cimabue

조토 디 본도네 <황금문에서 만나는 요아킴과 안나>
1304~1306년, 프레스코, 200 x 185cm
파도바 스크로베니 예배당

다리는 험한 바깥세상과 성으로 둘러싸인 안전한 삶의 보금자리 사이의 경계, 즉 '전이 공간'으로서 중요한 의미를 갖는다. 그러나 이 조토 다리가 더욱 특별한 이유는 따로 있다. 이 다리는 아마도 서양 회화에 처음으로 등장하는 다리일 것이다.

성문 앞에서 만나 포옹하는 남녀가 있다. 이 두 사람은 성모 마리아의 부모 요아킴과 안나다. 이들은 서로 사랑하지만 아이가 생기지 않아 슬픔에 잠겨 있었다. 신이 자기들을 받아주지 않는다고 생각했기 때문이다. 그러던 어느 날 천사가 나타나 안나에게 임신했다는 것을 알려주고 예루살렘 성문으로 나아가 남편을 만나라고 한다. 복받쳐 오르는 기쁨을 어찌 숨길 수 있겠는가? 이 만남에서 둘은 포옹을 하고 얼굴을 비빈다. 포옹은 해도 입맞춤은 하지 않는 것이 당시의 관습이었지만 이탈리아 르네상스를 열어젖힌 거장 조토는 이들 부부가 환희에 벅차 키스하는 것으로 표현했다. 우리의 관심은 포옹이냐 키스냐가 아니라 그들의 발 아래에 있는 다리다. 그들이 껴안고 있는 곳은 조그마한 흰색 아치 다리 위다. 뒤에 보이는 회색 건물이 예루살렘 성벽이고 아치 형태의 성문이 바로 '황금문'이다. 예루살렘에 가보지 못한 조토는 상상력을 발휘하여 성벽을 그렇게 표현했고 성문 앞에 조그만 아치 다리를 그려 넣었다.

중세를 살았던 조토는 성문 앞에 으레 다리가 있을 것으로 생각했을 것이다. 다리는 험한 바깥세상과 성으로 둘러싸인 안전한 삶의 보금자리 사이의 경계 즉 '전이 공간 Liminal Space'으로서 중요한 의미를 갖는다. 그러나 이 '조토 다리'가 더욱 특별한 이유는 따로 있다. 이 다리는 아마도 서양 회화에 처음으로 등장하는 다리일 것이다.

스크로베니 예배당의 벽화

서양 회화의 보물 창고

앞서 본 조토의 그림은 독립된 그림이 아니고 벽화 연작의 일부다. 이 벽화는 이탈리아 북부 파도바에 위치한 스크로베니 Scrovegni 예배당에 있다. 근처에 로마 시대의 원형경기장이 있어 '아레나 예배당 Arena Chapel'으로도 불린다. 외관은 평범하기 그지없지만 이 예배당은 서양 회화의 보물 창고다.

직사각형의 단순하고 작은 예배당 내부에 벽화 말고는 별다른 장식이 없다.

사진에서 보듯이 동쪽의 작은 제단을 제외하고는 모든 벽과 천정이 프레스코로 덮여 있기 때문이다. 프레스코의 주제는 물론 '구원'이지만 주로 성모 마리아와 예수의 일생을 표현한 그림들로 구성되어 있다. 조토가 1305년에 마친 이 프레스코 연작은 조토의 대표작이면서 서양 미술사에서 가장 중요한 걸작 중 하나로 손꼽힌다.

조토가 사용한 프레스코 기법은 물감과 석회를 섞어 벽에 바르는 '부온 프레스코' 즉 '진짜' 프레스코로, 마른 벽에 안료를 바르는 기법인 '프레스코 세코' 즉 '마른' 프레스코와 구별된다. 부온 프레스코는 색이 아름답고 내구성이 좋으나, 석회가 마르기 전에 그림을 마쳐야 하고 한번 마르면 수정할 수 없다는 제약이 있다. 말하자면 내공이 있어야만 제대로 그림을 그릴 수 있다는 뜻이다.

서양 회화의 틀을 바꾸다

조토 Giotto di Bondone (1267~1337)는 이탈리아 피렌체 출신으로 중세의 평면적인 회화 양식을 벗어나 그림에 입체감과 생동감을 불어넣어 미술사의 새로운 장을 연 위대한 화가다. 오늘날 우리가 알고 있는 서양 근대 회화의 창시자로 통한다. 그가 활동한 13세기 말부터 14세기 초는 중세 고딕 미술의 마지막 시대와 르네상스가 태동하던 시대가 겹치는 분수령이었다.

당시까지 회화를 지배하고 있던 것은 그리스식 또는 이탈리아화된 비잔틴 Italo-Byzantine 양식이었다. 이를 중심으로 중세적 관습에 따라 입체감이 없이 딱

딱하고 무표정한 '죽은' 인물이 이차원의 평면에 갇혀 있었다. 당시 일부 화가들은 이런 중세의 형식으로부터 벗어나려는 시도를 한다. 그런 변화의 첨단에서 회화의 흐름을 중세에서 르네상스로 바꿔놓은 혁신의 주인공이 조토다.

조토는 잘 알려진 그림의 형식을 보고 베끼던 그의 선배들과 달리 실물을 보고 인물을 구성했다. 그의 인물은 더 이상 평면적 상징이 아니라 살아 숨 쉬는 생명체로 형태와 색채만이 아니라 질량과 부피를 갖게 된다. 공간감과 드라마가 살아나고 인물의 감정에 초점이 맞춰진다. 예리한 관찰력과 상상력을 바탕으로 사실적인 표현기법을 선보여 후대 화가들에게 새로운 길을 열어주었다. 과학에 근거한 르네상스 미술이라는 새 시대의 발판을 마련한 것이다.

보카치오 Boccaccio는 《데카메론 Decameron (1353)》의 '제6일 제5화'에서 조토를 소개하면서 "재주가 출중할 뿐 아니라 자연을 너무도 충실히 따랐기 때문에 그의 그림을 보고 사람들이 실물로 착각할 정도"라고 했다.[1] 조토를 알았던 보카치오는 나아가 조토를 "세상에서 가장 훌륭한 화가 il miglior dipintor del mondo"라고 이야기의 등장인물인 포레세의 입을 빌려 말하기도 했다.[2] 다빈치도 선대의 화가에 대해 남긴 유일한 메모에서 조토가 "장인을 따르기보다는 자연을 직접 따랐기 때문에" 존경한다고 했다.[3]

그렇다면 이렇게 대단한 조토는 과연 누구에게 그림을 배웠을까?

조토의 스승 치마부에

치마부에 Cimabue (1240~1302)는 피렌체 출신의 화가다. 모자이크를 개발한 사람이며 벤베누토 디 쥬세페로 알려져 있기도 하다. 치마부에는 비잔틴 형식으로부터 벗어나기를 시도한 최초의 위대한 이탈리아 화가로 인정받는다. 당시 미술의 평면적이고 정형화된 장면으로부터 벗어나 자연주의로 기울었던 것이다. 그래서 그의 인물은 보다 실제에 가까운 비례와 명암이 사용되었다. 그러나 개척자적인 그의 성향에도 불구하고 그의 작품들을 보면 중세의 기법과 특징을 온전히 벗어나지는 못한 것을 알 수 있다.

프레드릭 레이턴
〈치마부에의 유명한 마돈나가 피렌체의 거리를 행진하는 장면〉
1853~55년
캔버스에 유채
231.8×520.7cm
런던 국립미술관

기록이 별로 없어 피렌체에서 태어나서 피사에서 죽은 것을 제외하면 그의 행적에 대한 것은 잘 알려져 있지 않다. 그러나 1543년에 출간된 바사리의 《예술가 열전》[4]은 "회화의 재탄생에 가장 핵심적인 동인"이었던 그가 진정한 르네상스 최초의 거장인 조토의 스승이었으며 생전에 대단한 명성을 누렸다고 전한다.

위의 그림은 영국의 화가이자 조각가였던 레이턴 Frederic Leighton (1830~1896)이 그린 작품이다. 긴 제목만큼이나 규모도 거대한 이 작품은 24세의 레이턴이 이탈리아에서 유학하던 시절 그린 최초의 대작이다. 이 그림은 현재 영국 여왕의 소유로 런던 국립미술관에 대여되어 있다. 1855년 왕립아카데미에 전시된 그림을 빅토리아 여왕이 구입한 것이다. 남편을 극진히 사랑한 것으로 유명한 빅토리아 여왕이 쓴 일기를 보자.[5]

> "레이턴이라는 사람이 그린 매우 큰 그림이 있었다. 아름다운 그림인데 폴 베로니즈[6]의 그림을 연상시켰다. 그림이 매우 밝아 빛으로 가득하다. 앨버트가 이 그림을 너무 좋아해서 내가 살 수밖에 없었다."

이 그림은 치마부에의 작품 〈루첼라이 Rucellai 마돈나〉를 치마부에의 스튜디오에서 '산타마리아 노벨라' 교회로 옮기는 장면을 담고 있다. 그림의 주인공은 단연 치마부에다. 그림 오른쪽 제단 위에 마돈나가 세워져 운반되고 있고, 그 앞에서 흰옷을 멋지게 차려 입고 월계관을 쓰고 걷고 있는 사람이 치마부에다.

그의 손을 잡고 다소곳이 걷는 어린 소년이 제자 조토다. 그 뒤로 여러 유명 예술가들이 걷고 있다. 맨 오른편 말을 탄 사람은 나폴리의 왕이고, 그 앞에 벽에 기대어 등을 보이고 서 있는 사람은 시인 단테다. 이 그림은 당시 치마부에의 명성이 얼마나 대단했는지를 유감없이 드러내고 있다.

레이턴은 이 그림을 그릴 때 바사리의 《예술가 열전》에 기록된 내용을 따랐을 것이다. 그러나 치마부에가 그렸다는 〈루첼라이 마돈나〉는 시에나 출신의 두치오 Ducio di Buoninsegna라는 화가의 작품이라는 것이 오랜 연구 끝에 밝혀졌다.[7] 바사리가 책을 저술할 당시는 도시 간의 반목이 매우 심할 때였으므로 정치적인 이유로 왜곡과 과장이 없지 않았을 것으로 짐작이 간다. 그럼에도 불구하고 조토가 치마부에의 제자라는 것만은 여러 가지 정황으로 볼 때 사실인 것 같다.

스승은 가고 제자는 남아서

치마부에는 이탈리아 르네상스의 태동으로 한 시대의 마지막을 장식하는 화가로 기억되게 된다. 단테도 그의 명성이 빨리 시든 것을 그의 《신곡》 연옥편 '칸토 11'에서 안타까워하고 있다.[8]

> "오, 인간 능력의 허망함이여
> 정상의 푸른 나뭇잎은 얼마나 빨리 시드는가
> 어둠의 시대에 묻히지 않는다 해도!
>
> 치마부에는 회화가 그의 손아귀에 있다고 믿었지
> 그러나 이제는 조토의 포효가 들리니
> 그의 명성은 시들어가네."

단테는 이를 통해 인간의 교만과 명성이라는 것의 허망함에 대해 말하려고 했던 것이나, 조토의 경우에는 이것이 명성의 증거가 되고 말았다.

치마부에 다리 '라그나이아'

피렌체에서 멀지 않은 곳에 비키오 Vicchio라는 조그만 마을이 있고 이곳의 '엔사'라는 개울에 작은 다리가 하나 서 있다. '라그나이아 다리 Ponte alla Ragnaia'라는 이름의 이 다리는 두 개의 원형 아치로 이루어지고 중앙이 볼록하게 솟은 전형적인 중세의 다리다. 그런데 마을 사람들은 이 다리를 '치마부에 다리'로 부른다. 전설에 의하면 이곳을 지나던 치마부에가 어린 양치기 소년이 다리에 양을 열심히 그리고 있는 광경을 보게 되었단다. 소년의 그림 솜씨에 깊은 인상을 받은 치마부에는 소년을 자기 화실로 데려간다. 짐작했겠지만 이 소년이 바로 조토다.

치마부에 다리

그런데 다리 이름이 '조토 다리'가 아니라 '치마부에 다리'가 된 것은 무슨 연유인가? 이 다리가 있는 곳은 조토의 고향이 아니던가? 천재를 알아보고 거두어 훌륭히 키웠으니 공을 스승에게 돌린 것이 아닐까 짐작할 뿐이다. 청출어람이라고 했던가? 스승은 르네상스 이전 시대를 마무리하는 마지막 거장으로, 제자는 르네상스의 빗장을 여는 신예 거장으로 자리매김한다. 시대의 간극을 건너는 스승과 제자. 이보다 더 멋진 사제의 역할을 상상할 수 있겠는가? 토스카나 시골의 작고 보잘것없는 다리는 위대한 스승에서 제자로, 중세의 암흑에서 르네상스의 광명으로 건너가는 역사적인 다리가 된다.

1 Giovanni Bocaccio, The Decameron, Trans. John Payne, pp. 303-304 (Project Gutenberg, eBook #23700)
http://www.gutenberg.org/files/23700/23700-h/23700-h.htm#THE_FIFTH_STORY6

2 Paul F. Watson, "The Cement of Fiction: Giovanni Boccaccio and the Painters of Florence," MLN, Vol. 99, No. 1, Italian Issue (Jan., 1984), pp. 43-64
http://www.jstor.org/stable/2906126

3 Jonathan Jones, "A star is born," The Guardian, December 4, 2004
http://www.theguardian.com/artanddesign/2004/dec/04/art

4 조르조 바사리(1511-1574)는 피렌체의 화가이며 건축가이자 예술행정가로 그가 지은 《예술가 열전》은 치마부에에서 미켈란젤로에 이르기까지 르네상스의 위대한 예술가들의 일생을 기록한 세계 최초의 본격적인 미술사라고 할 수 있다.

5 런던 국립미술관(The National Gallery)의 작품 해설
http://www.nationalgallery.org.uk/paintings/frederic-lord-leighton-cimabues-celebrated-madonna

6 파올로 베로네세 Paolo Veronese (1528-1588)는 르네상스기 베니스에서 활동한 화가다. 그의 작품으로는 루브르의 모나리자 맞은 편에 걸려 있는 대작 〈카나의 혼인잔치〉가 잘 알려져 있다.

7 Louis Gillet, "Cenni di Petro Cimabue." The Catholic Encyclopedia. Vol. 3. New York: Robert Appleton Company, 1908.
http://www.newadvent.org/cathen/03771a.htm

8 Dante Alighieri, The Divine Comedy, Purgatorio Canto XI, 1300. Translated by A.S. Kline, 2000.
아래의 사이트에 실린 영역본을 참고하여 옮겼다.
http://www.poetryintranslation.com/PITBR/Italian/DantPurg8to14.htm#_Toc64099588

21. 카날레토와 리알토 다리

Canaletto and Ponte di Rialto

카날레토 <남쪽에서 본 리알토 다리>
1737년, 캔버스에 유채, 68.5 x 92cm
로마 국립고전미술관

만일 팔라디오의 다리가 선택되었다면 다리가 오늘날까지 살아남아 있을까? 지금처럼 관광객이 꼭 가봐야 할 베니스 최고의 명소 중 하나가 되어 있을까? 베니스의 상인들은 잘나가던 건축가 팔라디오가 아니라 교량 기술자 다 폰테를 선택했고 그 선택이 옳았다는 것은 역사가 증명하고 있다.

이탈리아 로코코 시대의 화가였던 카날레토가 1737년에 그린 〈남쪽에서 본 리알토 다리〉라는 작품이다. 그의 대표작이라고 할 수는 없지만 그의 솜씨가 유감없이 드러난 작품으로 베니스의 리알토 다리와 주변 건물들을 아주 세밀하게 묘사하고 있다. 운하 양편으로 그리 화려할 것 없는 낡은 건물들이 빽빽이 들어서 있다. 다리에 드리운 그림자로 봐서 늦은 오후 시간일 것이다. 맑은 하늘엔 흰 구름이 흩어져 있고 거울처럼 잔잔한 어두운 운하 위로 반사된 건물의 형상이 어른거린다. 운하 가운데로 몇 척의 곤돌라가 한가롭게 떠 있고 건물 앞에는 크고 작은 갖가지의 배들이 정박해 있다. 오른쪽 건물 사이 좁은 골목 위로 작은 벽돌 아치 다리가 하나 보인다. 그 위로 망토를 걸친 신사들이 다리를 건너고 있다.

설계 공모에 제출된 팔라디오의 다리

1587년, 베니스의 공공시설 담당관인 토목공학자 안토니오 다 폰테 Da Ponte에게 막중한 임무가 하나 맡겨진다. 당시 금융과 상업의 중심지였던 리알토 지역의 대운하 Grand Canal 위로 비단 상업 지역과 금세공 지역을 연결하는 석조 교량을 건설하라는 것이었다.

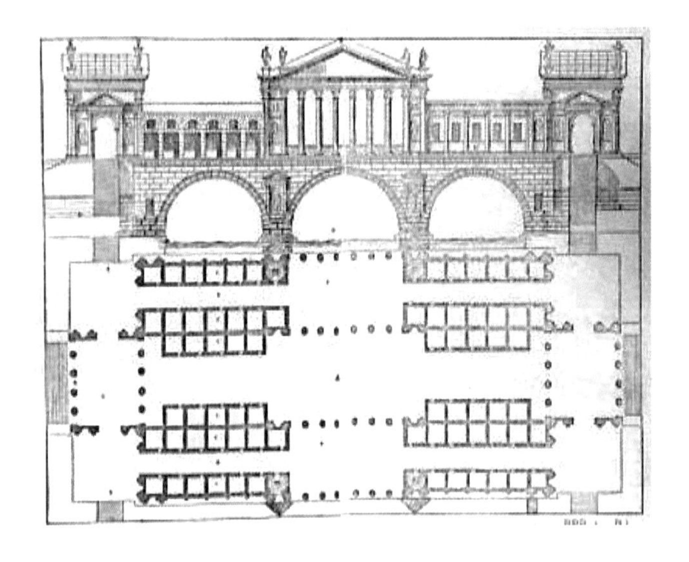

팔라디오의 설계안

이미 1503년부터 이곳에 석조 다리를 건설하자는 논의가 시작되었으나 이런 저런 이유로 늦어지다가 1551년에 들어서야 다리 설계 공모를 하게 된다. 이 설계 공모에는 당시의 쟁쟁한 건축가와 예술가들이 대거 참여했으며 당시 최고의 거장인 미켈란젤로도 초빙되었던 것으로 알려져 있다.

당시 가장 잘나가던 건축가 안드레아 팔라디오도 그중 하나였고 그의 야심 찬 교량 설계안이 이미 제출되어 있었다. 팔라디오는 이 설계안에 대한 자부심이 대단했다. 그의 말을 직접 들어보자.[1]

> "이탈리아에서 가장 위대하고 가장 유명한 도시 중 하나인 베니스의 한복판에 완벽하게 어울리는 아주 훌륭한 설계다. (…) 도시의 장엄함과 품위를 유지하면서도 시의 세수를 증가시키기 위해 다리 위로 대로 세 개가 지나는 매우 넓은 다리를 설계했다."

그러나 세 개의 아치로 지지된 그의 교량은 너무 크고 무거울 뿐 아니라 아치의 크기가 작아 부친토로 Bucintoro라고 불리는 베니스 영주의 큰 배가 지나다닐 수 없을 것이었다. 더구나 교량이 도로에 비해 너무 높아 진입로를 만들기 위해서는 양안의 여러 건물들을 철거해야 한다. 팔라디오의 설계는 웅장하고 우아했지만 공학적으로는 실패작이었던 것이다. 이재에 밝은 베니스의 상인들이 배의 통행을 제약하며 도로의 높이와 맞지도 않고 비용이 많이 들어가는 다리를 반대한 것은 너무나 당연한 일이었다.

베니스 상인들이 선택한 다 폰테

다 폰테는 그에게 맡겨진 막중한 임무를 완수하기 위해 여러 가지 문제를 해결해야 했다. 첫째, 폭이 40m인 대운하는 이 섬에서 가장 중요한 '도로'였기에 교량을 건설할 동안 배의 통행을 막아서는 안 되었다. 둘째, 교량 아래로 큰 배들이 지나다닐 수 있어야 했다. 셋째, 예산이 여유롭지 않았다. 베니스의 상인들은 꼭 필요한 예산에서 금화 한 닢도 더 낼 생각이 없었다. 그러나 이 모든 것들보다 더 어려운 문제가 있었으니 그것은 바로 교대가 놓일 지반의 조건이었다.

대운하와
리알토 다리 주변의
위성 사진

잘 알려져 있듯이 베니스는 연약 지반 위에 건설되었다. 그곳에 건물을 세우기 위한 유일한 방법은 바다 밑 지반에 나무 말뚝을 근입하고 그 위에 기초를 다져 세우는 것이었다. 다리가 계획된 곳의 주변에는 중요한 건물들이 많이 있었다. 그래서 그곳을 너무 깊이 굴착하면 건물의 말뚝이 공기에 노출되어 부식될 것이 뻔했다.

다 폰테는 단경간의 세그멘탈 아치 교량을 선택함으로써 이 모든 문제에 대한 해답을 찾는다. 1587년 당시 그러한 선택은 매우 과감한 것이었다.[2] 당시 주로 사용되던 아치는 로마식 반원형 아치다. 반원형 아치는 하중을 거의 수직 방향으로 작용시킨다. 그러나 낮고 평평한 아치에서는 하중이 수직 방향뿐 아니라 수평 방향으로도 작용한다. 그래서 다 폰테는 힘을 연약 지반 아래로 작용하는 힘과 함께 근처의 건물 기초에 수평 방향으로 작용하는 거대한 힘을 지지할 수 있는 기초를 고안해내야만 했다.

그는 양안에 우물통을 만들고 나무 말뚝을 높이를 각각 다르게 하여 3단으로 근입하고 각각의 단 위에 평평한 플랫폼을 완성한 뒤 이 플랫폼 위에 벽돌을 비스듬히 쌓아 교대 기초를 완성했다. 그래서 교대 기초가 아치의 하중을 직각으로 지지할 수 있도록 했다. 다 폰테는 힘의 전달을 정확히 계산할 수 있는 이론을 알지는 못했으나 한참 후대의 기술자처럼 힘의 방향과 균형에 대해서 직관적으로 알고 있었던 것이다. 역학의 원리를 본능적으로 이해하고 있었다고 할 수 있다.

2011년
리알토 다리의 풍경

드디어 1591년 다리가 완성된다. 두 개의 경사진 램프 ramp는 중앙에서 계단을 통해 포르티코 portico로 연결되고 램프를 따라 다리의 양 옆으로는 지붕이 있는 건물을 세워 상점들이 입주할 수 있도록 했다. 이 획기적인 교량에 대해 당시 유명 건축가들은 머지않아 다리가 붕괴될 거라고 공언하기도 했다. 그러나 다 폰테의 다리는 420년이 지난 오늘날까지 늠름히 서서 제 기능을 충실히 수행하고 있다. 베니스 상인들의 투자는 수백 수천 배로 보상을 받은 셈이다. 베니스는 기술자를 제대로 선택했던 것이다.

그랜드 투어와 베두타 회화

배움을 위해 여행을 떠나는 유럽의 전통은 17세기에 시작되어 18세기 영국에서 절정을 이룬다. 소위 '그랜드 투어'라고 불리는 이 여행은 귀족이나 부유한 시민의 자녀들을 위한 것이었다. 목적지는 주로 프랑스와 이탈리아였고 특히 파리, 로마, 피렌체, 베니스 등 유명 도시였다. 오늘날의 유명 관광지와 크게 다르지 않았다.

18세기 베니스가 그랜드 투어의 목적지로서 갖는 의미는 특별했다. 한때 '바다의 여왕'으로 불리며 정치, 경제적으로 번성했던 베니스의 힘이 점차 쇠약해지고는 있었으나 여행지로서의 매력은 시들지 않았다.

여전히 유럽 최고의 관광지였고 수많은 여행자들이 찾아왔다. 예나 지금이나 관광객들은 기념품을 찾는다. 여행지의 지도, 그중에서도 특히 조감도가 기념품으로 인기가 좋았고 베니스처럼 멋진 도시라면 이런 조감도 즉 베두타 그림은 더욱 특별한 기념품이 되었을 것이다. '베두타 Veduta'라는 말은 풍경 View을 뜻하는 이탈리아어다. 베니스에서 베두타 회화가 발전하게 된 것은 너무도 당연한 일이었다.

베니스 최고의 베두타 화가

카날레토 Canaletto로 알려진 죠바니 안토니오 카날 Canal (1697~1768)은 베니스 최고의 베두타 화가다. 어린 시절 카날레토는 극장 무대 화가였던 그의 아버지 베르나르도 카날에게 그림을 배운다. 그래서 그의 별명은 '작은 카날'

이라는 뜻의 카날레토로 불리게 되었다. 그는 베니스의 일상과 인물을 많이 그렸다.

1719년 카날레토는 아버지와 함께 오페라 무대 작업을 위해 로마를 방문한다. 로마에 머무는 동안 고대 건축물의 스케치에 심취했던 그는 무대 미술을 떠나기로 결심하고 1720년 베니스로 돌아와 베두타 화가로 자립하게 된다.[3]

그는 당시 잘나가던 풍경화가들과 달리 산 마르코 광장 같은 유명 장소보다 관광객의 발길이 뜸한 골목길과 운하에 관심을 쏟는다. 그리고 그는 명암의 조화와 건물 색의 오묘한 표현을 통해 평범한 소재로부터 명작을 빚어낸다. 그가 남들과 다른 모티브를 선택한 이유는 상업적으로 차별화하기 위해서였을 것이다. 유명 장소를 그린 풍경화는 이미 넘쳐났기 때문이었다. 색다른 모티브는 카날레토의 섬세한 표현 방식을 더욱 돋보이게 했다.

카날레토가 그린 정교한 베두타 그림의 인기는 입소문을 타고 빠르게 퍼졌는데 영국의 구매자들이 이 인기에 한몫 했다. 특히 1744년 베니스 주재 영국 영사로 부임한 조셉 스미스는 카날레토의 주요 고객일 뿐 아니라 후원자로서 다른 고객과 이어주는 역할도 했다. 이러한 인연으로 카날레토는 1746년 아예 영국으로 건너간다. 오스트리아 계승전쟁으로 관광객들의 발길이 끊기자 재정 상태가 어려워졌기 때문이었다.

1755년 베니스로 다시 돌아온 그는 1763년이 되어서야 베니스의 '아카데미아 델레 벨레 아르티'라는 미술학교에 원근법 교수로 초빙되어 활동하다가 1768년 세상을 뜬다.

또 하나의 리알토 다리

아래 그림은 카날레토가 그린 〈비첸차의 바실리카와 리알토 다리〉라는 그림이다. 리알토 다리가 다르게 생겼다고 의아해 할 필요는 없다. 이 그림은 앞서 소개한 팔라디오의 리알토 다리 설계도를 보고 카날레토가 상상력을 발휘해서 그린 것이다. 과연 세 개의 아치 위에 그리스식 건물을 얹은 우아한 다리임에 틀림없으나 위에서 말한 대로 실용적이지는 못했을 것이다. 그런데 카날레토는 왜 이 그림을 그렸을까?

카날레토
〈카프리치오-비첸차의 바실리카와 리알토 다리〉
1740~1744년, 캔버스에 유채
61×82cm, 파르마 국립미술관

팔라디오의 설계가 채택되었더라면 아마 베니스의 풍경이 많이 달라졌을 것이다. 그림 오른쪽에 있는 웅장한 건물은 또 뭔가. 이 건물은 그림 속의 리알토 다리와 달리 실제로 존재하는 건물이다. 다만 그 위치가 베니스로부터 60km 정도 떨어진 '팔라디오의 도시' 비첸차 Vicenza에 있는 건물이라는 점이 재미있다.[4] 이 건물도 물론 팔라디오가 설계한 건물인데 신축은 아니고 원래 있던 고딕식 건물이 일부 파괴되자 리모델링을 한 것으로 팔라디오가 죽고

30년이 지난 후에야 완성된 건물이다.

팔라디오의 설계대로 리알토 다리가 건설되었더라면 다리의 진입로를 위해 대운하 양쪽 건물을 헐고 '재개발'을 했을 터이니 새롭게 광장도 만들고 팔라디오의 다리와 어울리는 근사한 건물 하나쯤은 세웠을 것이 아닌가? 카날레토는 그렇게 판단했을 것이다. 그래서 카날레토는 멀리 다른 도시에 있는 건물을 베니스의 대운하로 떡 하니 옮겨놓았던 것이다. 사실적인 도시의 조감도를 그리는 베두타 화가들도 '카프리치오 Capriccio'라는 이름을 빌려 때론 이런 장난을 쳤던 모양이다. 그랜드 투어에서 돌아가면서 이 그림을 기념품으로 사 갔다면 어떤 일이 벌어졌을지 생각만으로도 유쾌하다.

만일 팔라디오의 다리가 선택되었다면 다리가 오늘날까지 살아남아 있을까? 지금처럼 관광객이 꼭 가봐야 할 베니스 최고의 명소 중 하나가 되어 있을까? 베니스의 상인들은 잘나가던 건축가 팔라디오가 아니라 교량 기술자 다 폰테를 선택했고 그 선택이 옳았다는 것은 역사가 증명하고 있다. 카날레토의 리알토 다리 그림을 보고 있노라면 '운하'라는 이름을 가진 화가와 '다리'라는 이름을 가진 교량 기술자의 만남은 피할 수 없는 숙명처럼 느껴진다.

1 Whitney, Charles S. (2003) [orig. pub. 1929]. Bridges of the World: Their Design and Construction. Mineola, New York: Dover Publications. 2003, pp. 125-127.

2 Brown, David J. (1996). Bridges: Three Thousand Years Defying Nature, Mitchell Beazley, London. pp. 36-37

3 https://www.royalcollection.org.uk/canaletto-in-venice

4 https://it.wikipedia.org/wiki/Capriccio_con_edifici_palladiani

22. 뒤러와 케텐쉬티크

Dürer and Kettensteg

알브레히트 뒤러 <뉘른베르크 할레튀를라인의 지붕다리>
1496년, 수채, 16 x 32.3cm
비엔나 알베르티나 미술관

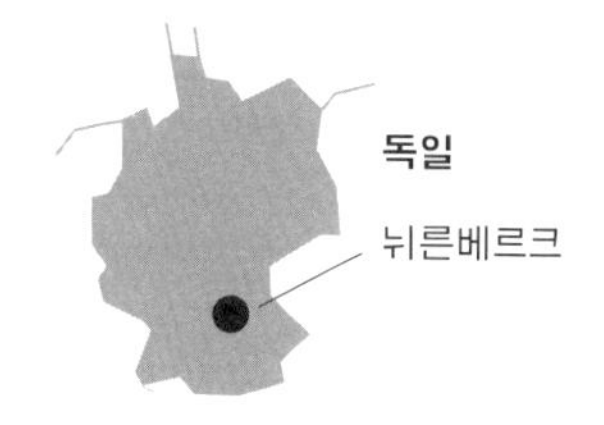

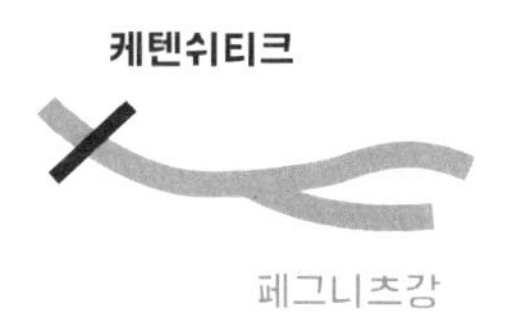

뒤러가 그림으로 남긴 지붕다리는 이후 300년 이상을 그 자리에 서 있다가 1814년에 헐리고 말았다. 그리고 10년 후인 1824년에 이 자리에는 연철 현수교가 세워졌다. 케텐쉬티크라 불리는 이 다리는 유럽에 건설된 최초의 체인 케이블 현수교다.

독일 화가 뒤러가 1496년에 그린 〈뉘른베르크 할레튀를라인의 지붕다리〉라는 수채화다. 이 그림에 등장하는 다리는 뉘른베르크 구도심의 페그니츠강을 가로지르는 보행교로서 독일에서 가장 오래된 '마른 다리 Trockensteg' 즉 '지붕이 있는 다리'다.[1] 다리 뒤로 보이는 건물은 수문을 겸하고 있는 성문으로서 뉘른베르크 구도심을 감싸던 성곽의 일부다. 뒤러가 이 그림을 그릴 당시 이 다리는 이미 300년 이상의 긴 역사를 가지고 있었다. 이 다리는 두 개의 경간으로 구성되었고 각 경간은 상류 쪽과 하류 쪽 두 개의 평행 트러스로 구성되어 있다. 그림에 의하면 이 다리는 스트럿 strut, 수직재, 보조 브레이싱 bracing이 혼합된 형태로서 다각형 보강 프레임으로 간주할 수 있다.[2] 건설에 관한 기록이 남아 있지 않아 설계와 제작은 정확히 누가 언제 했는지 알려져 있지 않다. 뒤러의 그림은 당시 북유럽의 목조 교량 기술을 엿볼 수 있는 귀한 자료를 제공하고 있다.

다리를 보호하기 위해 지붕을 덮다

'지붕다리 Covered Bridge'는 글자 그대로 지붕으로 덮인 다리다. 일반적으로 지붕다리는 목재 트러스를 이용한 다리로서 다리 상부 구조가 지붕으로 덮여 있는 다리를 지칭한다. 지붕을 덮어 비바람과 햇빛을 피할 수 있게 함으로써 다리에 쓰인 목재의 수명을 연장하기 위한 것이다. 따라서 지붕뿐 아니라 측면도 일부 또는 전부가 벽으로 둘러싸여 마치 건물처럼 보이는 다리다. 물론 행인들을 갑작스러운 비바람으로부터 보호하는 목적도 있었을 것이다.

뉘른베르크 위성 사진.
왼편 위 붉은 핀으로 표시된
건물 바로 앞에 보이는
작은 다리가 케텐쉬티크다.

지붕다리는 세계 곳곳에서 만날 수 있다. 동양에도 있고 서양에도 있다. 특히 중세의 유럽에서는 많은 다리가 이런 식으로 만들어졌다. 다리의 통행량이 늘고 자동차가 이용되면서 대부분의 목재 다리는 석조 아치교나 철제 아치교 등으로 교체되었지만 통행량이 그리 많지 않은 도심 밖의 교량이나 보행교는 현재까지도 일부 전해지고 있다. 잘 아는 바와 같이 스위스 루체른의 카펠교는 수백 년이 지난 오늘날까지 사용되고 있어 관광객들이 즐겨 찾는 명소로 자리매김했다.

현재 지붕다리를 비교적 쉽게 만날 수 있는 곳은 북미 지역이다. 18세기 말 유럽의 지붕다리 기술이 신대륙으로 전파되면서 목재가 풍부한 신대륙에 적합한 다리 형식이 되었기 때문이다. 클린트 이스트우드의 영화로 잘 알려진 '메디슨 카운티의 다리'[3]가 바로 그런 지붕다리 중 하나다.

1891년의 현수교 모습

독일 최초의 현수교 케텐쉬티크

뒤러가 그림으로 남긴 지붕다리는 이후 300년 이상을 그 자리에 서 있다가 1814년에 헐리고 말았다. 그리고 10년 후인 1824년에 이 자리에는 연철 현수교가 세워졌다. 독일 최초의 철도인 뉘른베르크-퓌르트 간 철도 건설에 참여했던 교량 기술자 쿠플러 Georg Conrad Kuppler (1790~1842)가 설계하고 건설했다. 길이 80m인 이 교량의 건설에 3.65t의 연철이 사용되었다.[4]

케텐쉬티크 Kettensteg라 불리는 이 다리는 유럽에 건설된 최초의 체인 케이블 현수교다.[5] 3m 길이의 바 체인을 연결해서 주 케이블로 삼고 다리의 상판을 매달았다. 강 양측으로 거대한 교대를 만들고 케이블을 정착시켰다. 이 다리는 세 쌍의 주탑 사이에 두 개의 현수교가 이어져 있는 형태로 현수 구간은 각각 33m와 34m의 경간을 갖는다. 처음 건설 당시에는 5m 높이의 참나무 주탑을 사용했으나 1909년 홍수로 손상을 입은 후 철 트러스 주탑으로 교체되었다. 대부분의 부재가 현재까지 그대로 사용되고 있다.

복원 공사 직전의 다리. 현수 구간 아래에 설치된 임시 교각이 보인다.

이 현수교에는 애당초 크로스 브레이싱 cross bracing이 없어 개통 초기부터 진동 문제가 심각했다. 그래서 이미 1838년에 손수레의 통행이 금지되기도 했다. 1909년 홍수 이후 주탑이 철제 프레임으로 교체된 후 진동 문제는 더욱 심각한 수준에 이르렀고 결국 1931년에 와서야 다리의 성능 개선이 이루어졌다. 진동을 억제하기 위해 바닥을 거더로 보강하고 현수 구간에는 각각 두 개의 임시 목재 교각을 세워 바닥을 지지하도록 했다. 그러나 이 임시 교각으로 말미암아 이 다리는 더 이상 진정한 현수교가 아니게 되어버렸다.

1930년대 중반 민족사회주의가 팽배하면서 다리를 폐쇄하려는 움직임이 있었다. 초기 산업화 시절의 다리가 역사적인 도시의 미관과 어울리지 않는다는 이유 때문이었다. 그러나 1939년 제2차 세계대전이 발발하는 바람에 다리는 가까스로 살아남는다.

현수교를 복원하다

1931년에 임시방편으로 보수되었던 현수교 아닌 현수교는 놀랍게도 70년 이상 그대로 사용되고 있었다. 그러다가 2000년대 후반에 들어 시 당국은 다리를 복원하기로 결정했다. 유럽 대륙에서 현존하는 가장 오래된 현수교이므로 보존해야 할 문화유산이라고 판단했기 때문이었다. 드디어 2009년 5월 초 다리가 폐쇄되었고 2010년에 다리 복원이 완료되었다.

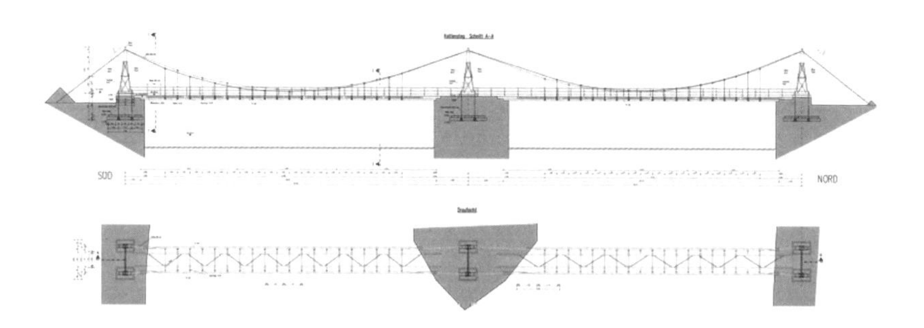

복원 공사 설계도

최대한 다리의 원상태 그대로 복원하는 데 초점을 맞추고 공사가 진행되었다. 철거하기 전 1200개에 달하는 연철 부재의 목록을 작성하여 부재가 원래의 위치에 그대로 복원될 수 있도록 세심한 주의를 기울였다. 부재 별로 재료 시험을 시행했으며, 해석과 실험을 통해 주요 부재의 지지력을 검사했다.[6] 양측 교대와 중앙의 기초도 대대적으로 보강한 것은 물론이다. 그러나 현대의 안전 기준에 부합하기 위해 다리의 상판은 박스 거더를

현재의 케이블 다리 케텐쉬티크

이용하여 보강하였다.[7] 그리고 2010년 12월 22일, 케텐쉬티크는 다시 진정한 '케이블 다리'로 부활했다.

케이블 다리의 디테일.
바 케이블-행어 연결 부위의 형태가 흥미롭다.

뉘른베르크의 가장 자랑스러운 아들

"알브레히트 뒤러에게서 소멸하는 부분만 이 무덤 아래에 묻혀 있다."

뉘른베르크에 묻혀 있는 뒤러의 묘비명이다. 평생 가까운 친구로 지냈던 빌리발트 피르크하이머가 쓴 것으로 알려져 있다.[8] 그의 육신은 무덤 아래에 있지만 그의 예술과 업적은 영생을 누릴 것이라는 말인데 예술가에게 이 보다 더한 찬사가 어디 있겠는가.

지금까지도 독일 역사상 가장 중요한 화가로 여겨지는 알브레히트 뒤러 Albrecht Dürer (1471~1528)는 천부적인 재능을 지닌 화가였을 뿐만 아니라 소묘가,

판화가, 저술가로서도 조예가 깊었다. 뒤러는 북유럽의 인쇄업과 출판업을 비롯해 인문주의의 중심지였던 뉘른베르크에서 태어나 그곳에서 생을 마감했다. 평생에 걸쳐 그렸던 자화상에서 엿볼 수 있듯이 뒤러는 장인이기보다는 지식인이기를 원했던 최초의 미술가 중 한 명이었고 덕분에 그는 '르네상스 맨'이라는 별명을 얻었다.

뉘른베르크의 금세공사였던 아버지 밑에서 일을 배우기 시작한 뒤러는 화가가 되기로 작정하고 당시 주요 출판물의 목판 삽화를 제작하는 공방을 운영하던 유명 화가 미하엘 볼게무트 문하에서 도제 과정을 마쳤다.

뒤러는 관습에 따라 1490년 4년간의 견문 여행을 떠났다. 프랑스, 스위스, 네덜란드 등을 거쳐 여행에서 돌아온 뒤러는 세습 귀족과 결혼하여 공방을 차리고 동판화를 제작하여 상업적인 성공을 거뒀다. 맨 앞에서 보았던 수채화도 이 무렵에 그린 것이다. 판화의 밑그림일 가능성이 크다.

뒤러는 어떤 북유럽의 화가들보다 이탈리아의 예술적 기법과 학문적 영향을 많이 받은 예술가일 것이다. 그는 새로운 지식에 대한 갈망으로 1494~1495년 그리고 1505~1507년 두 차례 이탈리아를 여행했다. 이탈리아를 구석구석 돌아다니며 르네상스 거장들의 작품을 직접 경험했을 뿐 아니라 고전과 당시의 이론적 저술을 두루 섭렵했다.

여행을 통해 터득한 명석한 원근법과 인체표현 기법을 점차 독일적 전통에 접목시켜 나갔다. 이탈리아 여행 중에 풍경을 그린 수채화는 서양 미술사상 최초의 '풍경 수채화'가 되었다.

자의식으로 똘똘 뭉친 화가 "나는 왕이로소이다"

"오, 나는 태양을 그리워하며 얼마나 추위에 떨 것인가?
여기서 나는 귀족인데, 고향에선 그저 한 명의 식객일 뿐"

뒤러가 두 번째 이탈리아 여행에서 베니스를 떠나 고향 뉘른베르크로 돌아가기 전 친구에게 보낸 편지에서 한 말이다.[9] 뒤러가 이탈리아 여행에서 부러워했던 것은 회화의 수준만이 아니라 화가들의 지위였다. 독일에서는 기껏해야 장인 취급을 받지만 이탈리아에서는 예술가로서 대단한 위세를 떨치고 있었기 때문이었다. 뒤러에게 화가란 단순한 장인이 아니라 인문지식을 두루 갖춰 귀족이나 학자들과 수준 있는 대화를 나눌 수 있는 지식인이어야 한다는 자의식을 키우는 계기가 되었다.

알브레히트 뒤러
〈털 깃이 달린 옷을 입은 자화상〉
1500년, 나무에 유채
67.1×48.7cm
뮌헨 알테 피나코텍

뒤러의 자의식은 그가 어릴 때 세심하게 그린 은필화 〈13세의 자화상〉(1484)에서 이미 나타났다. 현존하는 그의 가장 초기작이다. 하지만 그의 자의식이 가장 강하게 드러나는 작품은 세기가 바뀌는 특별한 해인 1500년에 그린 〈털 깃이 달린 옷을 입은 자화상〉일 것이다.

정면을 바라보는 그의 눈은 강렬하게 관람자를 흡인하고 있다. 얼굴을 이렇게 정면으로 그리는 것은 전적으로 예수의 초상화에 국한되던 시절이었던 점을 고려하면 대단한 자의식이 아닐 수 없다. 그리고 눈높이에 맞춰 왼편에는 유명한 그의 서명 AD 위로 그림을 그린 해인 1500이 새겨져 있다. 그의 이니셜인 AD는 또한 그리스도 서기년을 뜻하는 Anno Domini가 된다. 전체 구도는 A자형이며 그의 검지와 중지는 D자를 나타내고 있기도 하다. 그리고 오른편에는 라틴어로 이렇게 써놓았다.[10]

"나, 뉘른베르크의 알브레히트 뒤러는 28세에 지울 수 없는 색으로 스스로를 그렸다"

측량을 모르면 진정한 화가가 될 수 없다

1525년 뒤러는 《측량 교본 Unterweisung der Messung》을 출판했다. 원근법과 도형에 관해 독일어로 저술한 첫 출판물이다. 당시 예술가들은 종종 예술의 기술적 이론서를 남기기도 하는데 일차적으로는 후학들을 가르치기 위해서일 것이나, 자신의 실력을 과시하여 명성을 높일 목적도 있었을 것이다. 뒤러는 저서 《측량 교본》에 목판화 그림을 실어 측량과 원근법을 가르칠 수 있는 도구로 활용했다.

다음 사진은 그가 출판한 책에 실린 마지막 두 개의 목판화다. 왼편의 그림은 인물화를 그릴 때 화가가 시선을 어떻게 고정시킬 수 있는지를 보여준다. 오른쪽 페이지에 있는 그림은 복잡한 기하학적 물체의 한 점에 고정된

실을 팽팽히 잡아당겨 물체의 표면을 묘사하는 방법을 설명하고 있다.

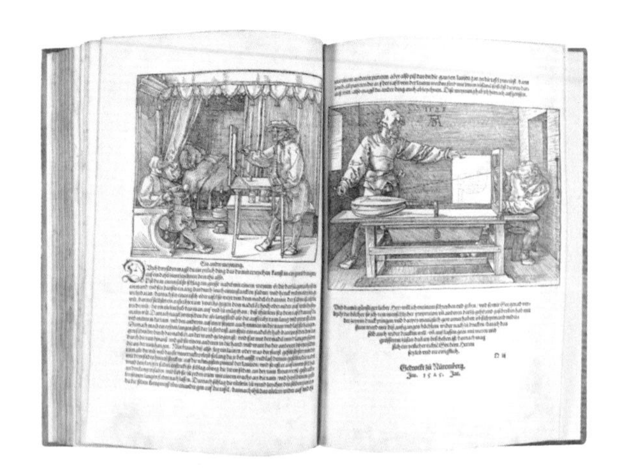

뉘른베르크에서
1525년 출판한 뒤러의 저서
《측량 교본》 중에서

"측량 기술에 대한 기본 원리를 이해하지 못하고는 진정한 화가가 될 수 없다"

라고 그는 책에서 단언하고 있다. 수많은 목판화 그림을 곁들여 선형 기하학, 2차원 및 3차원 도형, 선형 원근법 기법과 함께 건축, 공학, 공예에 측량을 적용하는 방법들을 다양한 예와 함께 설명하고 있다. 오늘날도 창의적인 기술자를 양성하기 위한 교육과정에 포함되어야 할 도구들이다.

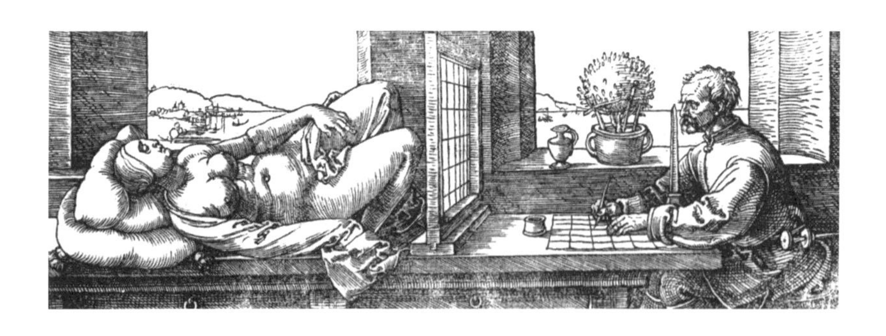

알브레히트 뒤러
〈누운 여인을 그리는 소묘가〉
1525년, 목판
비엔나 알베르티나 그래픽 콜렉션

위의 목판화는 정사각형의 격자로 나뉘어진 창을 통해 대상을 바라보는 화가를 보여준다. 시선을 고정하고 각각의 격자를 통해 체계적으로 대상을 관찰하여 책상 위의 격자종이 위에 묘사하는 기법을 보여주고 있다.

뒤러는《측량 교본》에 이어 1527년에는《성곽 구축 교본》이라는 저서도 출판했다. 뒤러는 다음 해인 1528년 4월 6일 눈을 감았다. 그의 저서 중 마지막이자 가장 영향력 있는《인체 비례에 관한 네 권의 책》이 출판되기 불과 몇 달 전이었다. 뒤러가 19세기쯤 태어났더라면 훌륭한 토목공학자가 되지 않았을까 하는 즐거운 상상을 해본다.

예술과 기술의 징검다리가 되다

시인 롱펠로우는 앞서 소개한 뒤러의 묘비명에서 영감을 얻었던지 뉘른베르크의 가장 자랑스러운 아들 뒤러에게 시 〈뉘른베르크〉를 통해 경의를 표하고 있다. 시의 일부분을 여기 옮긴다.[11]

> "순박한 신앙심으로 예술이 아직 종교이던 때
> 예술의 전도사 뒤러가 여기서 살고 일했다
> 침묵에 슬픔에 잠겨 묵묵히 손만 바삐 움직였고
> 더 나은 세상을 찾기 위해 이민자처럼 방황했다
> 그가 누워 있는 묘비에 새겨진 말은 "떠난 자 Emigravit"
> 죽지 않고 다만 길 떠났으니 그는 결코 죽지 않는다."

뒤러는 이탈리아 밖에서 활동한 최초의 진정한 르네상스 예술가였다. 그는 뛰어난 화가, 판화가, 소묘가일 뿐 아니라 학식이 풍부한 이론가이기도 했다. 스스로의 삽화를 곁들인 논문을 출간한 최초의 북유럽인이라는 기록도 세웠다. 독일 르네상스 미술을 완성했고 수채 풍경화의 창시자로 미술사에 획을 그은 위대한 예술가. 예술과 과학기술을 아우르며 왕성한 저술 활동을 한 지식인. 그는 스스로 다양한 장르를 소화해낸 '르네상스 맨'이자, 예술과 기술 사이의 징검다리였다.

뒤러는 우리에게 귀중한 다리 그림을 남겼다. 예술과 기술의 위대한 만남. 본시 예술과 기술은 '테크네 Techne'라는 같은 뿌리를 갖지 않았던가. 이탈리아에 다빈치가 있었다면 독일에는 뒤러가 있었다.

1 Philip S. C. Caston, "Historic Wooden Covered Bridge Trusses in Germany," Proc. Third International Congress on Construction History, Kurrer, E-K. (Ed), Berlin 2009, pp. 329-336.

2 위의 1과 동일

3 소설과 동명의 영화에 등장하는 다리는 미국 아이오와 주에 있는 '로즈만 지붕다리 Roseman Covered Bridge'로 1883년에 건설되었다.

4 다리의 개요 http://de.wikipedia.org/wiki/Kettensteg

5 비슷한 시기(1823년경)에 마르크 세겡 Marc Seguin과 기욤 뒤푸 Guillaume Dufour에 의해 스위스 제네바에 철선 케이블을 이용한 유럽 대륙 최초의 현수교가 세워졌다. 아이바 체인을 이용한 현수교로는 케텐쉬티크가 유럽 대륙 최초의 현수교다.

6 http://structurae.info/ouvrages/kettensteg

7 http://www.nordbayern.de/region/nuernberg/nurnberger-kettensteg-wieder-geoffnet-1.395799

8 1961년 뉴질랜드 오크랜드 시립미술관 뒤러 판화 전시회 카탈로그 p. 6
http://www.aucklandartgallery.com/media/335171/cat53.pdf

9 http://www.wga.hu/bio/d/durer/biograph.html

10 http://en.wikipedia.org/wiki/Self-Portrait_(D%C3%BCrer,_Munich)

11 아래의 사이트에 있는 시의 원문 중 21-26행을 여기 옮겼다.
http://www.hwlongfellow.org/poems_poem.php?pid=103

23. 쿠르베와 알테브뤼케

Courbet and Alte Brücke

귀스타브 쿠르베 <프랑크푸르트의 풍경>
1858년, 캔버스에 유채, 54 x 78cm
프랑크푸르트 슈테델 미술관

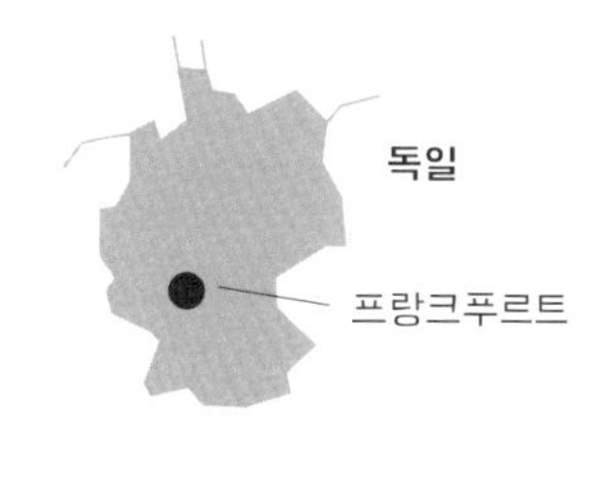

소년 괴테가 건너다녔던 이 '마인강 다리'는 특히 18~19세기에는 주요 교역로였고 수세기 동안 작센하우젠과 구도심을 잇는 유일한 통행로였다. 이 다리도 다른 중세 교량들처럼 파괴되고 복구되기를 반복했다. 기록에 의하면 이 다리는 최소한 18번을 파괴되었다가 재건되었다.

프랑스의 '사실주의' 화가 쿠르베가 그린 〈프랑크푸르트의 풍경〉이라는 작품으로 마인강 너머 작센하우젠에서 프랑크푸르트 구시가지를 바라보고 그린 것이다. 제목은 프랑크푸르트의 풍경이라지만 단연 제국성당 첨탑을 배경으로 서 있는 아치 다리가 그림의 주제다. 중세부터 서 있던 이 다리는 강 가운데의 작은 섬을 가로질러 구시가지와 작센하우젠을 이어준다. 다리가 섬을 만나는 곳에 건물이 한 채 서 있고 뒤로 다리가 길게 이어져 있다. 섬 한편으로 무성하게 자란 수풀이 보이고 작은 낚싯배 한 척이 다리의 아치로 다가가고 있다. 배를 타고 있는 인물을 제외하면 그림에 인적이 전혀 없다. 다리 위조차도 행인들의 발길이 끊겨 정적이 흐른다. 이상하리만치 비현실적으로 차분한 풍경은 무대의 배경 그림을 연상시킨다. 그림은 전반적으로 연한 색조를 띤 붉은 색과 갈색이 지배하고 있다. 늦은 오후에 그린 듯 높은 하늘에 살짝 남겨둔 푸른 띠 아래로 붉은 빛이 감돌고 있다. 섬 너머의 아치에 석양이 비쳐 아치들을 드러내고 있다. 이 낮은 빛이 없었다면 아치를 알아보기 힘들었을지도 모른다. 이제 곧 해가 떨어지면 모든 것이 칠흑 같은 어둠에 잠길 것이다.

파리 화단의 보헤미안 혁신가

"천사를 본 적이 있나? 내게 천사를 보여주면 내 그려보지."

쿠르베 Gustave Courbet (1819~1877)는 당시의 화가들이 습관적으로 영웅을 만들어내고 그에 열광하는 모습을 혐오했다. 본 적도 만난 적도 없는 영웅 이야기를 미화하고 각색하는 것보다는 자신이 직접 눈으로 보는 현실을 담아내고

귀스타브 쿠르베
〈화가의 아틀리에〉
1855년, 캔버스에 유채
359×598cm
파리 오르세 미술관

자 했다. 호화롭게 과장된 영웅보다는 일상에 묵묵히 순종하고 살아가는 보통 사람들의 진솔한 모습이야말로 그가 속한 사회를 표현할 수 있는 중요한 가치라고 생각한 화가였다.

1855년에 열린 '국제 전람회'에 전시하고자 출품했던 작품 〈화가의 아틀리에〉가 거절당하자 큰 실망을 한 쿠르베는 근처에 임시 건물을 마련하여 개인전을 개최한다. 프랑스 회화 역사상 최초로 개인이 주관한 솔로 전시회였을 것이다. 이 이벤트는 "사실주의 쿠르베: 귀스타브 쿠르베의 40점의 유화와 4점의 드로잉 전시 및 판매"라는 제목이 붙은 사인을 내걸고 개최된다. 전시회를 위해 제작된 팸플릿에 그의 예술 원리가 담겨 있다.[1]

> "내게 '사실주의'라는 딱지가 붙었다. 1830년대의 화가들에게 '낭만주의'가 붙은 것처럼. (…) 나는 단지 전통에 대한 온전한 이해와, 나의 개성에서 비롯된 이성적이고 독립적인 의식으로부터 그림을 그려나갈 뿐이다. (…) 창조할 수 있기 위해서는 알아야 한다는 것이 내 생각이다. (…) 살아 있는 예술을 창조하는 것, 그것이 내 목표다."

이 전시회의 관람객 중에는 낭만주의의 거장 들라크루아도 있었다. 그는 일기에 "혼자서 그곳에 한 시간가량을 머물렀다. 그리고 전람회에서 거절당했던 그 작품은 걸작이라는 것을 알았다. 나는 그 그림에서 눈을 떼지 못했다."라고 남긴다.

쿠르베의 '사실주의' 운동은 낭만주의와 바르비종 학파와 인상주의 사이의 가교 역할을 했다. 쿠르베는 혁신가로서 그림을 통해 대담한 사회적 메시지를 전하며 19세기 프랑스 회화에서 중요한 자리를 차지한다. 스스로를 어떻게 생각했는지 그의 말을 직접 들어보자.

"나는 50세이고 그 동안 늘 자유롭게 살아왔다. 그러니 자유롭게 생을 끝내게 해다오. 내가 죽거든 나에 대해 이렇게 얘기하라. '그는 아무 학파에도, 아무 교회에도, 아무 기관에도, 아무 아카데미에도, 그리고 무엇보다 자유의 정부 이외에는 아무런 정부에도 속하지 않았노라고.'"[2]

쿠르베는 그렇게 살다간 반항아였다. 그러나 위의 프랑크푸르트의 풍경 그림에는 그의 그런 반항아적인 기질이 드러나 있지 않다. 이미 화가로서의 명성을 얻은 후인 1858~1859년 프랑크푸르트에서 머물던 쿠르베가 남긴 작품 중 하나다. 다리에서 그리 멀지 않은 곳에 머물던 쿠르베가 작센하우젠에서 마인강을 가로지르는 다리와 건너편의 구시가지를 담담하게 화폭에 담은 것으로 지형학적으로 완벽하게 정확한 것은 아니다.[3]

수세기 동안 유일한 통행로였던 옛 다리

이 다리는 프랑크푸르트 최초의 다리이자 19세기 중엽 철도교가 건설되기

레오폴드 보데
〈프랑켄푸르트의 전설〉
1888년, 수채화
프랑크푸르트 역사박물관

까지 유일한 다리였다. 기록에 의하면 이곳에 다리가 세워진 것은 1222년이다.[4] 그전에도 어떤 식으로든 강을 건넜을 것이다. 이곳은 특히 카를 대제가 그의 군대를 이끌고 도망쳤던 곳이었다. 아마도 당시는 수심이 얕고 작은 섬들이 많아 말을 타고 건널 수 있었을 것으로 짐작된다. 프랑크푸르트라는 지명도 따지고 보면 오랫동안 이 지역에 살던 Frank가 강을 Furt (영어로 Ford)했다는, 즉 '프랑크 족이 강을 건넌' 곳이지 않은가?

이 '마인강 다리 Mainbrücke'는 특히 18~19세기에 주요 교역로였고 수세기 동안 작센하우젠과 구도심 간 유일한 통행로였다. 이 다리도 다른 중세 교량들처럼 파괴되고 복구되기를 반복했다. 기록에 의하면 이 다리는 최소한 18번을 파괴되었다가 재건되었다.[5]

현재의 다리는 1926년에 새로이 건설된 콘크리트 교량이다. 8개의 아치로 구성된 다리의 총 길이는 237m이고 아치의 최대 경간은 29.5m다.[6] 대부분의 독일 교량들처럼 이 다리도 제2차 세계대전이 끝날 무렵 후퇴하는 독일군에 의

1945년 폭파된 옛 다리. 성당만 남기고 도시는 초토화되었다. 섬에 있던 건물은 보이지 않는다.

해 폭파되는 운명을 겪었다가 1956년 복원된다. 그리고 1956년에는 중앙의 두 아치 경간이 70m의 강철 들보로 교체되어 오늘에 이른다. 그러나 다리의 공식 명칭은 아직도 알테브뤼케 Alte Brücke 즉 '옛 다리'다. 위치만 같을 뿐 온전한 새 다리가 되어 옛 다리라는 이름이 무색하지만 말이다. 섬 위의 건물은 현재 포르티쿠스 미술관이 자리하고 있다.

모차르트가 건넜던 다리

모차르트는 1790년 프랑크푸르트를 방문한다. 그가 죽기 1년 전이다. 여관 잡기가 쉽지 않았던지 "방 하나를 겨우 잡을 수 있어 천만 다행이다"라는 기록을 남긴다. 그가 머물던 곳은 다리에서 가까운 곳에 있던 '세 황소 여관'인데 지금은 헐리고 없어졌다. 돌이 깔린 도로 위를 달리는 마차의 소음으로 잠을 설친 모차르트는 다음날 이 '마인강 다리'를 건넌다. 도심에 방을 잡기 위해서였다.

1600년경의 다리와 작센하우젠 풍경

모차르트는 그보다 27년 전인 1763년 이미 프랑크푸르트를 방문한 적이 있었다. 당시 일곱 살이던 신동 모차르트는 아버지 손에 이끌려 유럽 전역으로 연주 여행을 나선 참이었다. 모차르트의 가족들은 그때 반대쪽으로 '마인강 다리'를 건넜다. 그리고 다리 양 옆에 세워진 근사한 망루탑을 지나게 된다. 첫 번째 음악회가 대성공을 거두자 음악회를 세 번 더 열었다고 전해진다. 이 음악회에 괴테도 참석했었던지 "나는 모차르트가 7살 때 음악회에서 연주하는 모습을 보았다"라는 기록을 남겼다.

모차르트 시절의 프랑크푸르트는 작고 오밀조밀한 중세 도시였다. 많은 목조 가옥, 뾰족한 지붕, 그리고 수십 개에 달하는 요새화된 성탑이 있었다. 구시가지 집들의 슬레이트 지붕이 저녁의 햇빛을 받아 아름답게 빛나곤 했던 그런 도시였다.[7]

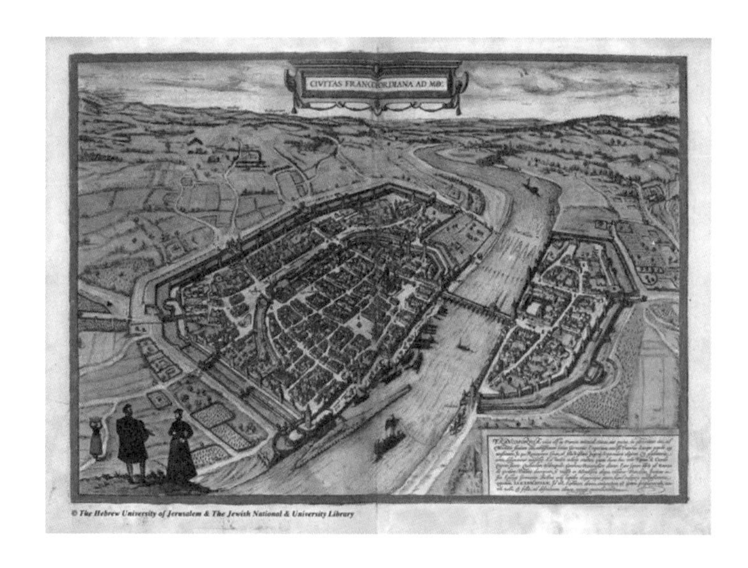

18세기 중반의
프랑크푸르트 모습

위의 지도에서 보듯이 14세기 말에 건설된 강 건너의 작센하우젠도 당시 성벽과 해자로 둘러싸여 있었다. 모차르트가 마지막으로 다녀간 직후인 18세기 종반에 들어서자 도시는 성벽 바깥으로 확장되기 시작한다. 성곽은 해체되어 도로와 정원으로 변화한다.

악마의 다리 전설과 다리 닭

수세기 동안 다리 중앙의 두 아치 위에는 돌이 아닌 나무로 된 상판이 깔려 있었다. 도시 방어를 위해 전쟁 시 위급 상황에서 쉽게 뜯어낼 수 있도록 한 것이다. 여기에도 전설이 있다.

오래 전 한 기술자가 다리를 건설하고 있었다. 다리를 완성시키겠다고 약속한 날이 다가오자 걱정이 산더미인 기술자에게 남은 건 이제 이틀뿐. 도저히 끝낼 수 없음을 깨달은 기술자는 악마와 거래를 하게 된다. 악마는 건설의 대가로 다리를 건너는 첫 번째 영혼을 달라고 한다. 계약이 성사되고 약속대로 악마는 마지막 날 밤 다리를 건설해낸다.

다음 날 이른 아침 기술자는 닭을 한 마리 들고 나타난다. 다리를 건너기에 앞서 닭을 자신의 앞에 놓아 주자 닭은 다리를 건너 악마에게로 간다. 당연히 인간의 영혼을 기대했던 악마는 기술자에게 속은 것을 알고는 화를 낸다. (여기까지는 다른 악마의 다리 전설과 비슷하다.)

다리 위에 설치된 십자가와 끝에 매달린 황금 닭

화가 치민 악마는 닭을 잡더니 다리를 찢어 다리 위에 내동댕이친다. 그러자 다리에 구멍이 두 개 생기는데 이 구멍은 아무리 해도 막을 수가 없게 된다. 낮 동안 보수를 해놓아도 밤이 되면 다시 원위치로 돌아가버리는 것이었다. 이 전설은 오랜 세월 두 개의 아치 위를 나무 상판으로 막아놓은 것과 관련이 있을 것이다. 그래서 이 악마의 저주를 풀기 위해 다리에 닭 장식을 세운다. 닭이 다리의 상징으로 된 까닭이다. 다른 악마의 다리들처럼 염소나 개가 아니고 하필이면 왜 닭이어야 했을까?

사형 집행 장소가 된 다리 십자가와 다리 닭

> "때로는 악마의 상징이 되기도 하고, 때로는 부활하신 그리스도의 상징이 되기도 하는 수탉은 농눌 중에서 가장 미덥지 못한 동물이다"[8]

이 다리의 중앙에는 1401년에 세워진 십자가가 있고 십자가 꼭대기에 닭이 있다. 이 '다리 닭 Brickegickel'은 경각심의 상징이자 예수를 배신한 베드로의 참회를 상징하기도 한다. 다리 아래의 좁은 아치를 통과하는 선원들에게 경각심을 주기 위해 설치했다고 전해진다.

그런데 이곳은 수세기 동안 죄수를 다리 아래의 강물에 처넣어 죽이던 장소였다. 프랑크푸르트 법원 기록에 의하면 1366~1613년 사이 130명의 죄수가 여기서 사형을 당했다. 15세기의 프랑크푸르트에서는 이것이 가장 흔한 사형 방법이었다. 이곳에서 죄수의 무릎, 팔과 목을 한데 묶고 다리 난간에 걸쳐 놓은 널 위로 밀어 강물에 빠뜨렸다. 이때 사형수의 마지막 눈길이 닿는

닭에게 참회를 구하게 되고 바로 아래의 십자가로써 신의 은총을 입어 죄의 사함을 얻게 된다는 것이다. 왕 카를 5세가 내린 악명 높은 칙령에 의해 절도, 유아살해, 근친상간 등의 범죄를 저지른 자에 대해 이런 '익사형'을 집행하도록 했다.

이곳은 마인강의 중앙이므로 물살이 가장 센 곳이다. 따라서 강물로 떨어진 사형수는 곧바로 급류에 휩쓸려 익사하게 된다. 강물이 많을 때는 시체가 시 경계 밖으로 떠 내려가버려 찾지도 않고 내버려두었다. 그러나 강물이 적을 때는 시체가 시 경계 내의 강변에서 떠오르게 되는데 이때는 시체를 거두어 공동묘지에 묻어주었다. 다른 사형집행과 달리 이 '익사형'은 다리 위로 몰리는 구경 인파를 피하기 위해 주로 밤에 시행되었다고 한다.[9] 일벌백계의 공개처형이 당시 관행임에 비추어 볼 때 다리의 안위를 무척이나 신경 썼음을 엿볼 수 있는 대목이다.

소년 괴테가 건너던 황금 닭이 반짝이던 다리

> "내가 무엇보다 좋아했던 것은 마인강을 가로지르는 위대한 다리 위를 산책하는 것이었다. 다리의 길이, 견고함, 그리고 아름다운 외관으로 인해 다리는 훌륭한 구조물이다. 그뿐 아니라 이 다리는 국가가 시민에게 제공하는 편익시설로서 고대로부터 전해 내려오는 거의 유일한 기념물이다."

프랑크푸르트는 독일의 대문호 괴테가 태어나고 소년 시절을 보낸 곳이다. 괴테의 생가인 괴테하우스가 다리에서 그리 멀지 않다. 소년 괴테는 이 다리를 유난히 좋아했던 것 같다. 그의 자서전《시와 진실 Dichtung und Wahrheit》10 에서 어린 시절 즐겨 건너던 다리를 이렇게 묘사하고 있다.

> "다리의 상류와 하류를 흐르는 아름다운 강물은 내 눈을 사로잡았다. 그리고 다리 중앙에 있는 십자가 위에서 황금 닭이 햇빛을 받아 반짝일 때면 나는 예외 없이 기분이 좋아졌다."

닭 모양의 장식물이 황금색으로 칠해진 것은 괴테가 첫 번째 생일을 맞이하던 1750년의 일이다. 다리 위의 황금 닭 때문일까? 제2차 세계대전을 겪으면서 초토화되었던 프랑크푸르트는 이제 유럽 금융 산업의 메카로 자리매김했다.

다리 너머로 보이는 프랑크푸르트. 금융의 중심답게 현대적인 도시로 탈바꿈하고 있다.

다리 위에 서서 프랑크푸르트를 둘러보면 성당의 첨탑 옆으로 미래 도시 같은 고층건물이 눈을 먼저 사로잡는다. (그래서 프랑크푸르트는 마인하탄 Mainhattan이라는 별명으로 불리기도 한다.) 사진에서 가운데 보이는 높은 건물이 얼마 전까지 유럽에서 가장 높은 건물이었다는 코메르츠방크 은행의 본사 건물이다. 유로화의 본산인 유럽중앙은행 ECB도 프랑크푸르트에 있고 최근 새로운 고층

건물을 완공하여 입주했다. '옛 다리' 위에서 황금으로 번쩍이는 '다리 닭'이 프랑크푸르트에 황금알을 낳아주고 있는 것은 아닌가?

1 http://www.musee-orsay.fr/en/collections/courbet-dossier/courbet-speaks.html

2 위의 1과 동일

3 그림이 전시된 슈테델 미술관이 바로 지척이다. 한강변의 고수부지처럼 강변과 도로 사이에 이른 아침 조용히 산책하기 좋은 코스가 나 있다.

4 http://de.wikipedia.org/wiki/Alte_Br%C3%BCcke_(Frankfurt_am_Main)

5 위의 4와 동일

6 http://structurae.de/bauwerke/alte-bruecke

7 Where the Mozart Lived and Worked: A Walk through Frankfurt, 1. The Mainbrucke (Main Bridge) pp. 1-2
http://www.frankfurter-buergerstiftung.de/sites/default/files/en_mainbruecke.pdf

8 움베르토 에코, 《장미의 이름》, 이윤기 옮김, 열린책들, 1993, p. 141

9 http://de.wikipedia.org/wiki/Brickegickel

10 아래의 영역본에서 옮겼다.
Johann Wolfgang von Goethe, "Autobiography: Truth and Fiction Relating to My Life," English translation by John Oxenford
http://www.gutenberg.org/cache/epub/5733/pg5733.html

24. 키르히너와 호엔졸레른 다리

Kirchner and Hohenzollernbrücke

에른스트 루드비히 키르히너
<쾰른의 라인강 다리>
1914년, 캔버스에 유채
120.5 x 91cm
베를린 국립미술관

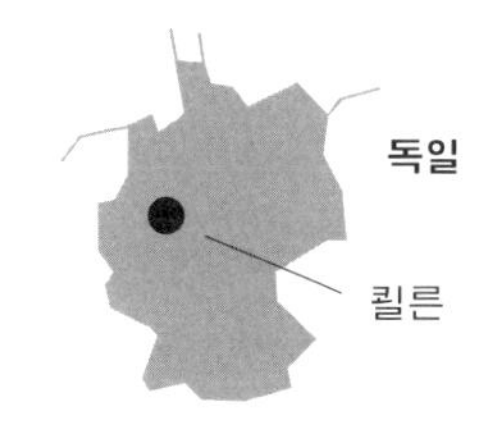

키르히너의 그림 속 다리는 쾰른 시내를 관통하는 라인강에 놓인 호엔촐레른 철교다. 총 길이가 409m인 이 교량은 쾰른의 도심과 라인강 너머 유럽 전역을 연결하는 철도가 지난다. 독일에서 가장 바쁜 철도로 하루 평균 무려 1200대의 기차가 통과한다.

독일의 표현주의 화가 키르히너의 작품으로 독일의 도시 쾰른의 기념비적인 구조물들을 화폭에 담고 있다. 현대성의 상징인 강 철도교를 중세 건축의 백미인 고딕 성당에 병치시켜 새로운 공간의 형태를 창조해내고 관람자를 그 위험한 공간 속으로 이끌고 있다. 이 풍경에서 키르히너는 다리의 형태를 과감하게 변형시켜 버렸다. 예컨대 아치의 수평 브레이싱 및 대각선재들은 생략해버리고 수직재는 실제보다 훨씬 굵게 그렸다. 한술 더 떠 그는 그림의 관점을 비틀어 아치가 멀리서 합쳐지도록 했다. 아치는 독일의 상징인 쾰른 대성당 속으로 빨려들어가 버리면서 다리와 성당이 일체가 되어버린다. 이렇게 해서 키르히너의 다리는 실제 다리보다 간결하면서도 더 기념비적인 구조물이 되어버린다.

가운데의 여인과 오른쪽의 기차도 그림의 비틀어진 관점에 한몫하고 있다. 여인의 키가 옆으로 지나가는 기관차보다 더 크게 그려져 있다. 키르히너의 거친 붓질도 빽빽한 구도의 그림에 묘한 생동감을 불어넣고 있다.

재현보다는 표현을 강조한 "다리"

독일 남부 바바리아에서 태어난 키르히너 Ernst Ludwig Kirchner (1880~1938)는 1901년 드레스덴 공과대학에 입학해서 건축 공부를 시작했으나 그의 마음은 회화에 가 있었다.

1905년 키르히너는 블라일, 쉬미트-로틀로프, 헤켈 등 세 명의 동료 건축학도들과 함께 '다리 Brücke'라는 그룹을 결성하고 당시를 지배하던 전통적인 형식의 바탕을 넘어 예술 표현의 새로운 스타일을 만들고자 한다. 전통이라는 '과거'와 새로운 형식의 '미래'를 연결하는 '가교' 역할을 수행하고자 했던 것이다.

> "진보에 대한 신념과 새 세대의 창조자 및 관람자에 대한 믿음을 가지고 우리는 모든 젊은이들을 부르며, 젊은이로서 미래를 짊어지고 우리 자신을 위해 확립된 질서의 낡은 세력에 대항해 운동과 삶의 자유를 창조하기 원한다. 자신을 창조로 몰고 가는 것을 직접적으로 진정하게 표현하는 이는 누구나 우리에게 속한다."

키르히너는 이 '다리파' 강령[1]의 작성을 주도하고 목판에 새긴다. 다음 사진은 1906년 다리파의 드레스덴 전시회를 위해 제작한 전단으로 강령과 함께 표지에 '예술가그룹 다리'라는 글 사이로 조그마한 다리를 보여주고 있다. 이 강령에는 미술사 최초로 '아방가르드'라고 부를 만한 의식이 담겨 있다.

그룹 '다리'의 강령 목판

이들이 선도한 독일의 표현주의는 재현보다는 표현을 강조하고 색채나 형태의 예술적 효과보다는 현대사회에서 인간이 느끼는 심리에 주목한다. 색채와 형태는 화가의 내면세계를 드러내면서 일그러진다. 현대성의 총아인 철교와 전통가치의 보루인 고딕 성당을 연결하는 키르히너의 다리는 그래서 명실상부한 '다리를 위한 다리'가 된다.

다리파의 결성을 주도한 사람은 키르히너였으나 '다리'라는 이름을 제안한 사람은 로틀로프였다.[2] 로틀로프에 의하면 다리란 "혁명적으로 끓어오르는 모든 요소를 자신에게 끌어들이는 것"이었다.[3] 다리라는 은유는 이들 젊은 표현주의의 초인들이 심취했던 니체의 저서에서 가져왔을 것이다. 《자라투스트라는 이렇게 말했다》(1883년)는 이렇게 말하고 있다.

"사람에게 위대한 것이 있다면 그것은 그가 목적이 아니라 하나의 교량이라는 것이다. 사람에게 사랑받을 만한 것이 있다면 그것은 그가 하나의 과정이요 몰락이라는 것이다."[4]

독일에서 가장 바쁜 다리

키르히너가 그린 그림 속의 다리는 쾰른 시내를 관통하는 라인강에 놓인 호엔촐레른 Hohenzollern 철교다. 총 길이가 409m인 이 교량은 쾰른의 도심과 라인강 너머 유럽 전역을 연결하는 철도가 지난다. 독일에서 가장 바쁜 철도로 하루 평균 무려 1200대의 기차가 통과한다.

처참하게 부서진
쾰른 시가지와 다리

이 자리에는 원래 '성당 다리 Dombrücke'라 불리던 다리가 있었으나 늘어나는 통행량을 감당하지 못하자 헐어버리고 1907~1911년에 근대식 아치교로 교체했다. 다리의 이름인 호엔졸레른은 독일 제국의 왕족 이름이다. 삼연속 타이드 아치교 tied-arch bridge로 가운데 아치가 양 옆의 아치보다 더 큰 것이 특징이다.

제2차 세계대전 중 연합군의 쉴 새 없는 폭격에도 큰 피해 없이 잘 버티고 있던 이 다리는 1945년 3월 연합군의 쾰른 공격이 시작되자 독일군 공병단이 폭파해버린다. 앞의 사진은 폭격으로 처참하게 부서진 쾰른 시가지의 모습이다. 성당만은 폭격을 면해 검게 그을린 채 을씨년스럽게 서 있다. 그 오른쪽으로 폭파된 호엔졸레른 다리가 반쯤 물에 처박혀 있는 모습이 보인다.

호엔졸레른 다리와
쾰른 대성당의 야경

전쟁 후 복구가 시작되어 1948년에는 보행자가 다닐 수 있게 되었고 이후 지속적인 성능 개선을 통해 1959년이 되어서야 다리가 온전한 제 기능을 다할 수 있게 된다. 1980년대에 대대적인 리모델링이 이루어졌으며 철도 노선 두 개가 추가되었다.

영원한 사랑의 자물쇠

쾰른 역으로부터 쾰른 대성당을 지나 다리로 이어지는 길은 사랑하는 연인들을 위한 성지순례길이 되고 있다. 이 다리의 기차 선로와 보행자 통로 사이의 담장에 소위 '사랑의 자물쇠'를 매달기 위해서다. 수년 전부터 자물쇠가 등장하기 시작하더니 이제는 수천 개의 자물쇠가 호박 넝쿨처럼 주렁주렁 매달려 있다.

자물쇠가 매달려 있는 호엔촐레른 다리의 담장

자물쇠엔 연인들의 이름과 날짜가 새겨져 있기도 하고 언약이 쓰여 있기도 하다. 연인끼리 자물쇠를 담장에 채운 후 열쇠는 다리 아래 강물에 던져 버린다. 영원히 변치 않을 사랑을 맹세하는 의식인 것이다. 세상에서 가장 분주한 다리, 하루 평균 1200대의 기차가 바람을 가르며 순간에 들어오고 나가는 다리에 서서 영원한 사랑의 언약을 한다. 사진을 보라. 자물쇠의 숫자는 계속 늘어날 것이다. 불멸의 사랑을 약속하는 자물쇠의 하중은 활하중인가 사하중인가? 다리는 사랑의 무게를 견딜 수 있을 것인가?

1 진중권, 《진중권의 서양미술사 - 모더니즘 편》, 2011년, 휴머니스트, p.135에서 재인용

2 https://de.wikipedia.org/wiki/Br%C3%BCcke_(K%C3%BCnstlergruppe)

3 위 진중권의 책 p.134에서 재인용

4 프리드리히 니체, 《차라투스트라는 이렇게 말했다》, 정동호 옮김, 2014, 책세상, p.20

25. 벨로토와 아우구스투스 다리

Belloto and Augustusbrücke

베르나르도 벨로토 <엘베강의 우안에서 본 아우구스투스 다리와 드레스덴의 풍경>
1748년, 캔버스에 유채, 133 x 237cm
드레스덴 미술관 고전회화관

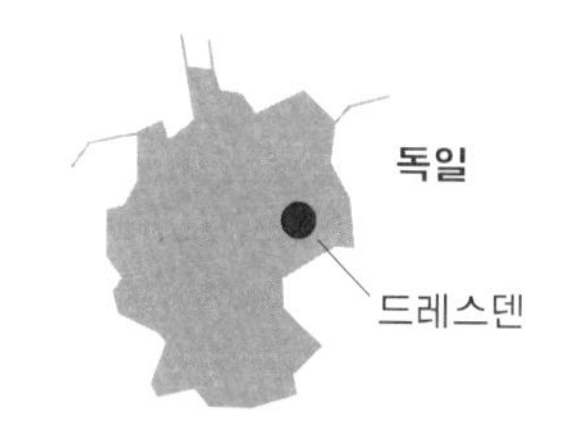

왕의 이름을 따라 '아우구스투스 다리'라고 부르게 된 이 다리는 당시로서는 일반적인 다리의 규모를 훨씬 뛰어넘는 그야말로 '초장대' 교량이었다. 아우구스투스 다리는 엘베강 양편에 있는 두 개의 독립적인 도시를 연결해주는 생명선인 동시에 드레스덴의 경계를 넘어 바깥세상과 이어주는 중요한 통로가 된다.

베니스 출신의 풍경화가 벨로토가 그린 1750년경 드레스덴의 풍경이다. 풍경의 중심에 석조 아치교가 있고 주변의 건축물과 완벽한 조화를 이루고 있다. 대각선으로 흐르는 유리 같은 엘베 강물 위로 다리와 건물의 그림자가 비치고 있다. 강에는 여기저기 배들이 떠 있고 전면의 강변에는 마을 사람들이 한가히 노닐고 있다. 강 너머 오른쪽이 구시가지다. 다리 바로 옆에 완공이 임박한 가톨릭 궁정교회가 보이고, 다리 너머 멀리 상류 쪽으로 성모 교회의 돔이 우뚝 서 있다. 이 다리가 독일 색소니 지역의 명물인 아우구스투스 다리다.

중세의 다리

기록에 의하면 이곳에는 1070년부터 다리가 있었다고 한다. 물론 목재 교량이었다. 1118년 이 다리가 홍수로 파괴되자 이듬해 지역 영주였던 헨리 2세 후작이 석재 교각 위에 목재 상부 구조를 얹은 다리 건설을 명한다. 그러나 이 계획은 여러 가지 이유로 지연되다가 한 세기가 지난 후인 1222년이 되어서야 온전한 돌다리가 세워진다.

그러는 가운데 드레스덴 동남부에 위치한 오레 Ore 산맥의 통행로가 개척되고 독일과 보헤미아 사이의 교역량이 늘면서 이 돌다리는 주요 교역로의 일부가 된다. 1342년과 1343년의 연이은 대홍수로 다리가 큰 피해를 입자 1344년 23개의 아치로 만든 석재 교량이 건설된다.

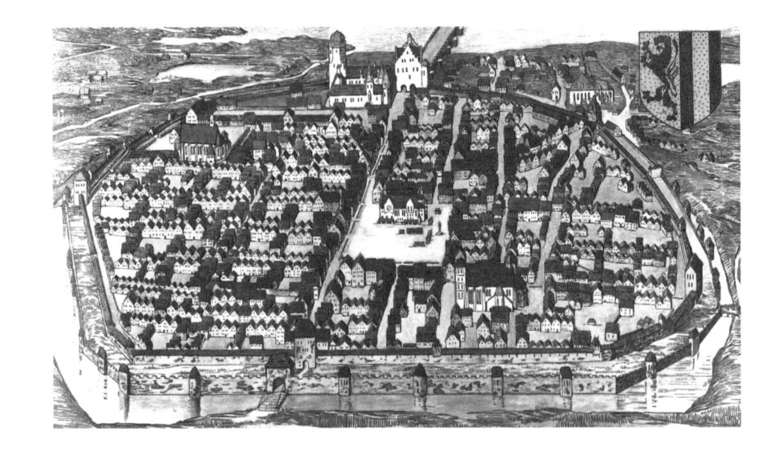

1521년의 드레스덴의 조감도. 위쪽에 석재 교량이 보인다.

이 다리의 길이는 당시 기록으로 '800보'였다고 하니 지금의 길이 단위로 환산하면 무려 500m 정도가 되는 엄청난 규모다. 그렇다면 이 다리는 당시 유럽에서 가장 긴 다리였을지도 모른다. 교량 공학적인 측면에서 흥미로운 점은 석재 아치교 중앙에 목재 도개교를 설치했다는 점이다. 평소에는 도개교를 들어 올려 큰 배가 지나갈 수 있도록 하고 전시에는 도시의 방어를 위해 다리에 불을 질러버리면 그만이었기 때문이다.

16세기 중반에는 5개의 교각과 4개의 아치를 추가하여 다리를 요새화하고 구시가지 쪽 교각 위에 성문을 설치하기도 한다. 앞의 그림은 1521년경 드레스덴의 조감도다. 드레스덴이 해자로 둘러싸여 있고 위쪽에 다리가 보인다.

드레스덴의 명물

세월이 흘러 다리의 재건이 필요하게 되자 색소니의 왕 '힘센' 아우구스투스 2세는 새 다리의 건설을 명한다. 이에 푀플만 Daniel Pöppelmann이라는 유명 바로크 기술자가 1727년과 1731년 사이에 사암을 사용하여 아치교를 건설한다.

아치 17개로 구성된 이 다리는 길이 402m, 폭은 11m, 그리고 도로의 폭은 6.8m였다. 왕의 이름을 따라 '아우구스투스 다리'라고 부르게 된 이 다리는 당시로서는 일반적인 다리의 규모를 훨씬 뛰어넘는 그야말로 '초장대' 교량이었다.

이 다리는 바로크 시대 색소니의 수도 드레스덴의 명물이 된다. 다리가 건설된 직후 드레스덴을 방문한 벨로토가 이 랜드마크를 열심히 화폭에 담은 것은 지극히 당연한 일이 아니었겠는가. 벨로토는 다리를 중심으로 펼쳐진 드레스덴의 풍경을 여럿 남겼다.

동유럽의 카날레토

베르나르도 벨로토 Bernardo Bellotto (1721~1780)는 이탈리아 베니스 출신의 베두타 화가로 드레스덴, 비엔나, 토리노, 바르샤바 등 유럽의 여러 도시를 여행하며 도시의 풍경을 화폭에 담았다. 그는 특히 색소니의 왕 아우구스투스 3세의 궁정화가로 드레스덴에 머물면서 드레스덴의 풍경화를 많이 남겼다. 그는 종종 그림에 '카날레토'라는 서명을 남기기도 했는데 그것은 그가 베니스 최고의 베두타 화가인 카날레토의 제자이자 조카였기 때문이다. 그의 어머니가 카날레토의 누이였던 것이다.[1]

그런데 벨로토는 왜 고향 베니스를 떠나 타향을 떠돌며 평생을 보낸 것일까? 아마도 삼촌의 명성에 가려 빛을 보지 못할 것을 피해 독자적으로 성공하기 위해서가 아니었을까? 그의 실력은 삼촌에 비해 형편없었을까? 전혀 그렇지 않다고 본다. 그런데 그의 명성은 왜 그의 삼촌만 못한 것일까? 그는 인생의 대부분을 독일 또는 폴란드의 왕실을 위한 궁정화가로 활동했기에 그의 그림들이 대부분 궁정에 보관되어 있었다. 따라서 삼촌 카날레토에 비해 영국 등 서유럽에 알려질 기회가 적었을 것이다.

벨로토가 남긴 드레스덴 풍경은 대부분 앞의 그림처럼 캔버스의 규모가 상당히 크다. 야심만만한 왕의 궁전을 장식하기 위해서 큰 그림이 필요했을 것으로 짐작된다. 그런데 주목할 것은 그림의 큰 규모에도 불구하고 구도의 탄탄한 짜임새뿐 아니라 풍경의 정확성이 매우 뛰어나다는 점이다. 베니스에서처럼 베두타 화가로서 여행객들에게 작품을 파는 것이 아니라 왕실을 위한 작품을 그렸기 때문에 '장난'을 치지 않고 최선을 다해 진지하게 '기록'했을 것이다.

그래서일까? 그의 그림들은 제2차 세계대전 중 철저히 파괴된 드레스덴 도심의 복원 사업에 매우 중요한 역할을 한다.[2] 그림이 큰 데다가 정확성까지 갖춰 어지간한 흑백사진보다 훨씬 쓸모가 많았을 것이다.

두 요새를 잇는 생명선

아래 지도는 벨로토가 앞서의 그림을 그릴 무렵인 1750년경의 드레스덴을 보여준다. 엘베강을 중심으로 양편에 두 개의 성이 있고 두 시가지를 아우구스투스 다리가 연결해주고 있다. 앞서의 지도보다 약 두 세기가 지난 후의 드레스덴의 모습인데 그동안 성곽은 더욱 견고한 철옹성이 되어 있다. 늘 전쟁에 시달리던 중세의 도시들에게 성의 방어야말로 절체절명의 과제가 아니었겠는가. 왼편의 구시가지는 해자로 둘러싸여 있고 제법 커진 오른편의 신시가지는 성곽으로 둘러싸여 있다. 아우구스투스 다리는 강으로 나뉜 두 개의 독립적인 도시를 연결해주는 생명선인 동시에 드레스덴의 경계를 넘어 바깥

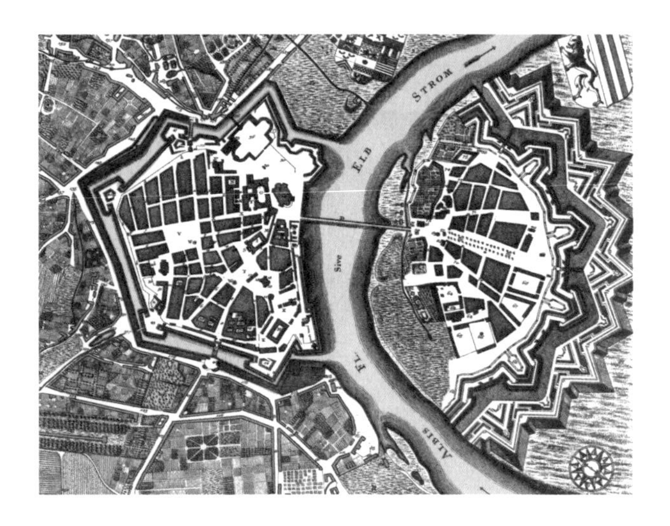

1750년경의 드레스덴 지도

세상과 이어주는 중요한 통로가 된다.

지도를 보면 왼편 구시가지의 해자 위로 작은 다리가 여럿 보인다. 이 다리들은 도시의 방어와 주민의 삶을 위한 갖가지 기능을 담당했을 것이다. 때론 보급로로서 때론 도피로로서. 흥미롭게도 벨로토는 이런 작은 다리들도 놓치지 않고 화폭에 담아두었다.

베르나르도 벨로토
〈드레스덴의 성곽과 해자 위의 다리〉
1750년경
캔버스에 유채
130×236.5cm
상트 페테르부르크 에르미타주 미술관

1813년에는 나폴레옹 군대와의 전투로 구시가지 쪽 네 번째 교각이 손상되어 양옆의 아치들이 파괴되었고, 1845년에는 홍수로 다섯 번째 교각이 파괴되기도 했지만 아우구스투스 다리는 그럭저럭 180년 가까운 세월을 잘 버티어낸다.

현재의 아우구스투스 다리

20세기에 들어 다리 위 아래로 늘어나는 교통량을 감당하기 어렵게 된다. 다리 폭도 좁았지만 아치가 낮고 좁아 큰 배가 다닐 수 없었다. 그래서 역사적으로 매우 중요한 다리임에도 불구하고 결국 1907년에 헐리고 새 다리로 교체되기에 이른다. 다만 다리의 역사성을 기리기 위해 다리 양편에 있던 두 개의 기차역사는 보존되었다.

현재의 아우구스투스 다리

이 다리가 현재의 아우구스투스 다리다. 길이 390m 폭 18m인 아치교로 아홉 개의 세그멘탈 아치로 구성돼 있다. 다리의 경간은 일정치 않은데 가장 긴 경간이 39.3m고 다리 가장 짧은 것이 17.6m다. 1910년에 완공되었으며 크라이스 Wilhelm Kreis와 클레테 Theodor Klette가 설계했다. 옛 다리에 쓰였던 사암이 사용되었기 때문에 연륜이 제법 있어 보인다. 벨로토 그림의 구도와 유사한 위 사진은 현재의 아우구스투스 다리와 드레스덴의 풍경이다.

상처 입은 도시의 음울함

색소니의 수도 드레스덴은 독일 바로크 양식의 최고 걸작으로 꼽히는 츠빙

거 궁전과 드레스덴 성, 카톨릭 궁정교회와 성모 교회 등 아름다운 건축물이 즐비해 '엘베강의 피렌체'로 불릴 만큼 우아하고 매력적이다. 아우구스투스 다리 바로 옆 강변에는 괴테가 '유럽의 발코니'라고 칭찬했다는 '브륄의 테라스'가 있다. 1740년 아우구스투스 3세의 친구인 브륄 백작이 만든 정원이다.

폭격으로 폐허가 된 도심을 시청의 석상이 내려다보고 있다.

그러나 제2차 세계대전의 끝 무렵이던 1945년 2월 13일부터 사흘간 이어진 연합군의 폭격으로 도시의 대부분이 파괴되었다. 오래된 역사의 도시 드레스덴만큼은 공습하지 않을 것이라고 생각해 동유럽의 피난민이 몰려들었는데 무자비한 공습으로 수십만 명이 희생됐고 옛 시가의 95퍼세트 이상이 파괴되었다. 이 '드레스덴의 살육'은 연합군이 결코 도덕적으로 승리하지 못한 잊고 싶은 어두운 역사의 한 페이지가 된다.

"드레스덴은 부상병을 치료하는 병원 도시였다. 전투부대는 없었고 대공포도 전혀 배치되지 않았다. 주변 도시에서 모인 60만 명의 피난민들과 함께 드레스덴에는 거의 120만 명이 모여 있었다. (…) 이 120만 명에 70만 개 이상의 유황 화염탄이 투하

되었다. 두 사람당 폭탄 하나 꼴이다! 도심 한복판에서는 온도가 1600도까지 올라갔다. 시체와 시체의 흔적을 찾은 것이 무려 26만에 달했다. 그러나 도심의 한복판에서 사라져간 사람들은 흔적마저도 찾을 수 없었다."[3]

보수 중인 다리
1948년

드레스덴은 처참하게 폐허가 된 옛 시가를 복원하느라 전쟁보다 더 고된 시간의 터널을 지나와야만 했다. 그저 아름답기만 한 유럽의 다른 소도시에 비해 음울함이 묻어나는 것은 드레스덴의 이러한 어두운 역사 때문일 것이다.

아우구스투스 다리는 제2차 세계대전이 끝나기 하루 전인 1945년 5월 3일 독일군에 의해 다리 6번째 교각과 양편의 아치가 폭파된다. 다리가 원래 모습 그대로 복구된 것은 1949년이다. 위 사진은 1948년경 보수되고 있는 다리의 모습이다. 이 다리는 1945년부터 1990년까지 불가리아 공산주의 지도자의 이름을 따라 '게오르기 디미트로프 다리'라고 불리다가 독일이 통일되면서 원래 이름인 '아우구스투스'를 되찾는다.

탁월한 만유의 가치를 훼손하다

드레스덴은 다리에 관해서 할 말이 많은 도시다.

온갖 오래된 건축물이 모여 있는 구시가지와 아우구스투스 다리를 포함한 20km 정도의 '드레스덴 엘베 계곡'은 2004년 유네스코 세계문화유산으로 지정되었다. 그러나 이 세계문화유산은 2009년에 취소되어 버린다. 드레스덴 엘베 계곡에 4차선의 새 다리를 건설하는 바람에 그렇게 된 것이다.

문제가 된 다리는 발트쉴로쉔 Waldschlosschen 다리다. 이 다리를 건설하기 위한 논의는 아주 오래 전부터 있어 왔지만 1996년이 되어서야 시의회는 다리 건설을 결정한다. 도심의 극심한 교통체증 해소를 위한 결정이었다. 이후 8년간의 논의를 거쳐 드디어 2005년 주민투표에 의해 다리 건설이 추진된다. 그러나 2007년 시의회는 돌연 다리 건설을 중단한다. 세계문화유산 지정을 철회할 것이라는 유네스코의 경고에 따른 것이었다. 그럼에도 불구하고 결국 독일 행정법원은 다리 공사 재개를 명령한다. 주민의 동의를 얻어 추진한 합법적인 절차를 시의회가 뒤집을 수 없다는 것이다.

4년에 걸친 경고에도 불구하고 다리 건설을 강행하자 유네스코는 2009년 드레스덴을 세계문화유산 목록에서 삭제한다. 문화유산으로 "등재된 그대로의 탁월한 만유의 가치"를 보존하는 데 실패했다는 것이 이유다. 세계문화유산으로 지정되었다가 취소된 사례가 통틀어 두 번 있는데 드레스덴의 경우가 그 두 번째이다. 유럽에서는 처음 있는 일이다. 일부에서는 '망신'이라고도 한다.

무엇이 옳은 일일까? 세계문화유산을 보유한 자긍심과 주민의 교통 불편 해소 중 어느 것이 더 중요한 가치인가? 새로 건설된 현대식 금속 아치교의 모습을 보면 드레스덴은 후자가 더 가치 있는 일이라고 판단한 듯하다. 이는 우리 건설인들에게 진지한 고민을 요구하는 대목이다. "등재된 그대로의 탁월한 만유의 가치"를 훼손하지 않고 새로운 다리나 건물을 건설하는 것은 불가능한 일인가?

1 베니스 최고의 베두타 화가 카날레토 Canaletto (1697-1768)에 대한 이야기는 21장 '카날레토와 리알토 다리'를 참조하기 바란다.

2 Andrew Graham-Dixon, "The Moat of the Zwinger in Dresden by Bernardo Bellotto," Sunday Telegraph "In The Picture," Apr. 27, 2003

3 Michael Walsh, Terror Bombing: The Crime of the Twentieth Century, 2001 http://www.whale.to/b/walsh1.html

26. 코코슈카와 찰스 다리

Kokoschka and Charles Bridge

오스카 코코슈카 <찰스 다리>
1934년, 캔버스에 유채
프라하 국립미술관

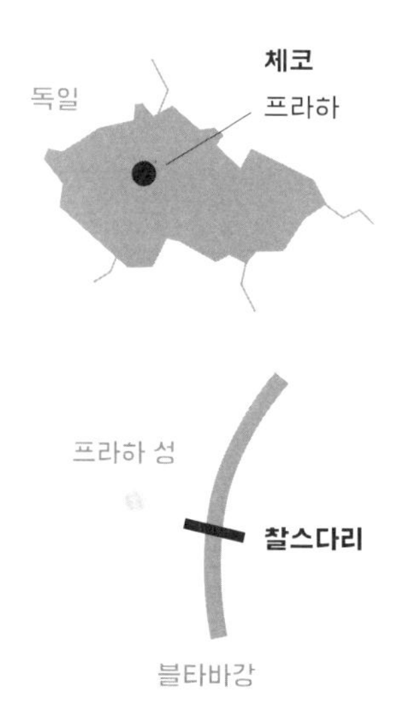

1380년경에 완성된 이 다리는 지금도 구시가지와 프라하 성을 연결하는 중요한 통로의 역할을 수행하고 있다. 1841년까지는 이 다리가 블타바강을 건너는 유일한 다리였기에 프라하가 동유럽-서유럽 간 교역의 중심이 되었다. '돌다리' 또는 '프라하 다리'로 불리던 이 다리는 1870년부터 지금의 찰스 다리라는 이름을 갖게 되었다.

오스트리아 태생의 화가 코코슈카가 1934년에 그린 〈찰스 다리〉라는 작품이다. 푸른 하늘과 강을 배경으로 찰스 다리가 화면을 대각선으로 가로지른다. 강 건너에는 중세 도시가 어지럽게 펼쳐져 있고 언덕 위로 프라하 성이 보인다. 코코슈카가 나치를 피해 프라하로 도망친 직후에 그린 찰스 다리 부근의 풍경이다. 새로운 보금자리에 대한 기대가 있어서일까? 조국을 떠나온 어두움이 곳곳에 담겨 있지만, 실낱같은 희망이 있어서인지 색조가 그리 암울하지만은 않다.

다리의 보석 찰스 다리

찰스 다리(카를교 Karluv Most)는 프라하 시내를 관통하는 블타바(몰다우)강에 놓인 역사적 교량이다. 영화 〈미션 임파서블〉의 도입부에서 CIA 비밀 조직의 작전이 전개되었던 다리이기도 하다. 보헤미아의 왕 카를 1세 (신성로마제국의 황제 카를 4세이기도 하다)에 의해 1357년 건설이 시작되어 1380년경에 완성된 이 다리는 지금도 구시가지와 프라하 성을 연결하는 중요한 통로의 역할을 수행하고 있다.

1841년까지는 이 다리가 블타바강을 건너는 유일한 다리였으므로 프라하가 동유럽-서유럽 간 교역의 중심이 되었다. '돌다리' 또는 '프라하 다리'로 불리던 이 다리는 1870년부터 지금의 찰스 다리라는 이름을 갖게 되었다.

1493년의 프라하 조감도. 중앙의 우측에 찰스 다리가 보인다.

기록에 의하면 10세기경부터 이곳에 목재 교량이 있었으나 빈번한 홍수로 늘 위협을 받고 있었다. 마침내 1170년경 당시의 왕 블라디슬라브가 석조 교량을 건설하도록 했고 왕비의 이름을 따라 '쥬디스 다리'라 불렀다. 1172년에 완성된 이 다리는 교량 역사상 꽤 중요한 다리였다. 중세의 중앙 유럽에 두 번째로 건설된 석조 교량이었기 때문이다.[1]

그러나 이 로마네스크 형식의 교량도 170년을 버티다가 결국 1342년의 대홍수에 파괴되고 만다. 다리의 복구가 시급해지자 두 해 전에 신성로마제국의 황제로 즉위한 카를이 나서게 된 것이다.

이 석조 다리는 팔러 Peter Parler와 오틀 Jan Ottl이라는 교량 기술자들에 의해 건설되었다. 공학적으로 주목할 만한 혁신은 없었으나 규모의 면에서 당시로서는 엄청난 프로젝트였다. 중세의 다리로는 폭이 가장 넓은 강을 건넌 것이다 (참고로 중세의 가장 긴 다리인 아비뇽 다리는 섬을 지난다). 길이 516m인 다리가 16개의 아치 위에 놓여 있다. 아치의 길이는 가장 짧은 것은 16.6m, 가장 긴 것은 23.4m로 약 10m 폭의 살짝 구불구불한 다리를 떠받치고 있다. 육중한 삼각형의 물가름이 인상적인데 큰 것은 두께가 무려 11m에 달해 잦은 홍수와 겨울에 떠내려 오는 얼음에 대비하고 있다.

다리 양측 난간에 늘어선 성인들의 조상과 가로등, 그리고 다리 양쪽 끝에 위치한 세 개의 고딕 양식 탑은 이 다리를 더욱 아름다운 기념비적 구조물로 만들어주고 있다. 프라하를 대표하는 유적인 이 다리는 세계 방방곡곡에서 몰려든 관광객들의 행렬이 늘 끊이지 않는다. 다리 위에서는 각종 광대와 예술가들이 관광객들을 유혹하고, 길거리 악사들의 공연이 늘 이어진다. 밤에 다리 너머로 보이는 프라하 성의 경관은 말로 표현할 수 없을 만큼 아름답다.

성자들의 다리

이 다리에는 체코의 유명 조각가들의 작품이 교량 양편에 죽 늘어서 있어 다리의 운치를 더해주고 있다. 30개의 조상이 교각 위쪽 난간을 장식하고 있는데 대부분이 바로크 형식이며 대개 17세기 후반과 18세기 초반에 건립된 것이다. 주로 성경에 나오는 성인들이나 체코 출신 성인들이다. 긴 세월 동안 겪은 풍상과 홍수로부터 보호하기 위해서 이 조상들의 진품은 프라하 국립미술관의 '조각 박물관'에 전시되어 있고 현재 다리 위에 서 있는 조상들은 복사본이다.

1683년에 세워진 성 네포무츠키 Nepomucky의 조상이 가장 오래 보존된 상으로 유명한데, 그의 조상 아래의 받침에는 그의 순교 장면과 개가 나오는 장면을 묘사한 두 개의 부조가 붙어 있다.

성 네포무츠키 조상의
등 뒤로 하늘에
기구가 떠 있다.

전설에 의하면 당시 왕비가 프라하 교구의 주교였던 네포무츠키에게 고해성사를 했는데 아내의 바람기를 의심하던 왕이 이 주교에게 아내의 고해성사 내용을 말해줄 것을 요구했다고 한다. 그러나 네포무츠키는 신부로서의 양심을 지키기 위해서 절대로 말해줄 수 없다고 버티자 왕이 병사들을 시켜 신부를 강물에 던져버렸다. 그런데 갑자기 사라졌던 시체가 3년 후에 다시 떠오르는 기적이 일어나자 훗날 그를 성인으로 추대했다고 한다.

그의 순교 장면을 묘사한 부조에 손을 대고 빌면 소원이 실현된다고 한다. 그뿐 아니라 충직을 상징하는 개의 부조를 잡고 행운을 빌면 애인이나 배우자가 일생 동안 충실하다는 소문 때문에 사람들의 손을 타서 두 개의 부조는 늘 윤기로 반들거린다.

빈 화단의 악동 코코슈카

코코슈카 Oskar Kokoschka (1886~1980)는 오스트리아 태생의 화가이자 시인이고 극작가였다. 강렬한 표현주의 화풍의 인물화와 풍경화로 잘 알려져 있다. 코코슈카는 1905~1908년 빈 미술공예학교에서 공부했다. 전통 미술학교였던 빈 예술아카데미에 비해 이 학교는 당시 기존 화단에 반기를 들던 빈 분리파의 온상이었다. 그래서 그는 '맞추는' 것이 아닌 '맞서는' 방식으로 회화에 접근했다. 그러나 그의 최초의 그림 의뢰는 그림엽서와 어린이를 위한 그림이었으며 코코슈카는 이런 일들이 그의 예술적 훈련의 기본을 잡아줬다고 말하기도 했다. 이는 코코슈카가 어린 시절 처음으로 읽은 한 권의 책과 관련이 있을 것이다.

코코슈카의 아버지는 어느 날 책 한 권을 집에 가져온다. 어린 코코슈카에게는 최초의 책이었다. 17세기 체코의 교육철학자인 코메니우스 Jan Amos Comenius의 책 《Orbis Pictus》(1685)였다. '그림으로 보는 세상'인 셈인데 온갖 사물을 그려놓고 네 가지 언어로 설명하는 일종의 백과사전이었다. 이 책은 코코슈카에게 평생 동안 지대한 영향을 미친다. 그는 나중에 "이 책으로부터 세상이 무엇인지를 배웠고, 나아가 인간이 살 만한 장소가 되기 위해 세상이 어떤 곳이 되어야 하는지를 배웠다. 코메니우스는 휴머니스트였다."고 술회했다.[2]

코코슈카는 곧 빈의 중요한 화가로 자리 잡게 되고 클림트, 실레와 함께 오스트리아의 3대 천재 화가로 불리기도 했다. 초기에는 빈의 유명 인사들의 초상화를 주로 그렸는데 대상의 정신적인 내면과 영혼을 꿰뚫어보고 그린 소위 '심리적 초상화'로 유명하다. '꿈을 꾸는 소년'이었던 코코슈카는 어느덧 빈 화단의 앙팡테리블이 되었으며, 평단에서는 그를 "가장 거친 짐승"이라고 조롱하기도 했다. 그의 말을 직접 들어보자.

> "나는 너무 주관적이었다. 그래서 늘 나의 내적 자아를 외부에서 찾았으며, 나의 상상력을 다른 사람들과 인생에 소진하려는 유혹에 빠져 있었다."

알마 말러와의 비극적인 사랑

빈 화단의 '악동' 코코슈카는 작곡가 구스타프 말러가 세상을 뜬 직후인 1912년 미망인 알마를 만난다. 이 두 사람은 곧 사랑에 빠졌고 코코슈카의 불타는 열정은 곧 복종으로, 그리고 그의 질투는 집착으로 변한다. 코코슈카의 어머니는 아들 곁으로 달려갔다. 그리고 7살 연상이던 알마에게 편지를 보냈다. "코코슈카를 또 만나면 너를 총으로 쏴버릴 거야!"라고.

둘은 함께 이탈리아 여행을 하는데 거기서 후기 르네상스의 거장 틴토레토의 그림으로부터 큰 감명을 받는다. 그리고 그의 회화는 보다 드라마틱하고 강렬해지면서 거칠게 변한다. 그동안 치중하던 인물화를 멀리하고 풍경화에 집중하면서 많은 걸작들이 만들어진다.

1914년 알마는 그들의 아기를 유산하고 그의 곁을 떠난다. 코코슈카는 이를 끝내 용서하지 않았으며, 훗날 "그녀가 내 아이를 죽였다"라고 회상한다.[3] 코코슈카의 가장 유명한 그림 〈바람의 신부〉는 그 무렵 그의 고통을 표현한 것이다. 평화롭게 잠들어 있는 알마 곁에서 화가는 깨어 먼 곳을 바라보고 있다. 둘은 헤어졌지만 알마에 대한 코코슈카의 집착은 평생 지속된다. 그리고 이미 폭력적이던 그의 붓질은 더욱 난폭해진다.

오스카 코코슈카
〈템페스트: 바람의 신부〉
1914년, 캔버스에 유채
181× 220cm
바셀 쿤스트뮤지움

알마와의 비극적인 사랑을 잊고 싶었던 걸까? 코코슈카는 제1차 세계대전에서 오스트리아군에 자원하여 기병대로 참전했다. 그리고 1915년 러시아군과의 전투에서 머리에 총알을 맞고 구사일생으로 살아남았다. 치료를 담당한 의사들은 그가 정신적으로 불안정하다고 판단하기도 했으나, 치료를 마친 후 1920년대에 그는 유럽, 북아프리카, 중동 지역을 두루 여행하며 풍경을 화폭에 담았고 꾸준히 화가로서의 길을 갔다.

> "나는 그림을 시작할 때 예비 그림을 그리지 않는다. 일정한 순서도 기술도 별로 중요하지 않다. 나에게는 눈앞에 보이는 이미지가 지나가고 남긴 정신적인 인상을 포착할 수 있느냐가 매우 중요하다. 인물에서는 눈빛의 번쩍임, 즉 내면의 움직임에 반하는 미세한 표정의 변화를 찾는다. 풍경에서는 갑자기 정적을 깨뜨리는 흐르는 물줄기라든가, 혹은 산과의 거리나 높이를 의식하게 해주는 풀 뜯는 짐승, 아니면 해질녘 그림자가 길어지는 외로운 나그네를 찾는다."[4]

예술에 있어 '보는 것'의 중요성을 강조했던 코코슈카는 평생 스스로를 "자연을 '보는' 관찰자"로 생각했다. 그는 세상일에 적극적으로 동참하면서 세심한 관찰을 통해 찰나에 스쳐 지나는 현실의 세세한 것들을 포착해서 내면적 이미지로 담아낸다.[5] 틴토레토, 티치아노, 엘 그레코, 반 고흐 등 선배 거장들의 예술을 섭렵하면서도 감성적인 사실성과 정신적인 추상성의 극적인 조합을 통해 자신만의 스타일을 완성했다. 그의 독특한 개인주의는 20세기 모더니즘의 주류로부터 외면당했으나, 역설적으로 그가 거리를 두고자 했던 독일 '표현주의'의 최고봉으로 추앙을 받게 된다.

프라하를 향한 그리움

나치에 의해 퇴폐 예술가로 낙인찍힌 코코슈카는 1934년 오스트리아를 도망쳐 체코의 프라하로 갔다. 프라하는 금세공사였던 그의 아버지의 고향이기도 했었기 때문일 것이다. 프라하의 미술학교에서 교수로 지내면서 그는 찰스 다리 주변의 풍경을 화폭에 담았다. 앞서의 그림은 프라하에 도착한 직후 그린 것이다. 그러나 그의 프라하 체류는 4년 만에 끝이 나고 만다.

1938년 오스트리아가 합병되고 체코가 나치 국방군을 위해 동원령을 내리자 영국으로 도피한다. 그리고 그가 떠나와야 했던 프라하를 그리워하며 그림 한 점을 그리는데 제목이 〈프라하 향수〉다.

오스카 코코슈카
〈프라하 향수〉
1938년, 캔버스에 유채
56×76cm
스코틀랜드 국립현대미술관

이 그림은 코코슈카가 런던에 도착하자마자 맨 처음 그린 작품이다. 기억을 더듬어 찰스 다리와 주변 풍경을 담았다. 오른쪽에 찰스 다리가 보이고 그 너머에 프라하 성이 보인다. 그림 전면에 보이는 한 쌍의 인물은 화가 자신과, 함께 도망쳐 훗날 그의 부인이 되는 올다 Olda Polkovska일 것이다. 이들의 도피를 암시하는 듯 왼편의 배 위에서 사공이 손짓하고 있다. 코코슈카의 얼굴이 그림 오른편의 간판에 투영되어 있다. 그의 마음을 그렇게 프라하에 남기고 왔을 것이다.

암울한 이 그림에는 그가 정을 붙이고 살던 프라하를 버리고 온 슬픔이 가득 담겨 있다. 프라하 시절이 시작될 때 그린 앞서의 작품과 이 그림을 비교해 보면 그의 심리 상태를 확연히 들여다볼 수 있다. 하늘은 더욱 칙칙하고 어둡게 변했고 블타바강은 마치 호수처럼 꽉 막혀버렸다. 실낱 같았던 희망이 참혹한 현실로 변해버린 것이 느껴지지 않는가? 그럼에도 하늘을 찢어 한 조각 푸름은 끝내 남겨두었다.

전쟁 후 1946년 영국 시민권을 얻게 된 그는 결국 스위스에 정착하여 1980년 죽을 때까지 그곳에 머문다. 그리고 죽기 두 해 전에야 오스트리아 시민권을 다시 취득한다.

> "나는 일평생 갈망하는 인간이었다. 수많은 미로에 갇히기도 했다. 내 일생은 오로지 방랑이었으며, 내게는 조국도 없다."

코코슈카가 평생 영향을 받고 숭모해 마지않던 코메니쿠스가 말년에 한 말이다. 코코슈카의 회한도 이와 다르지 않을 것이다.

600년을 버틴 찰스 다리의 비밀

코코슈카에게 애잔한 그리움으로 남아 있던 찰스 다리로 다시 돌아가보자.

1357년 7월 9일 오전 5시 31분 정각. 카를 4세는 찰스 다리의 기초에 필요한 돌을 손수 놓는다. 왕실의 천문학자와 수학자들의 요청에 의한 것이었다. 이 시각을 숫자로 표기하면 135797531 (유럽식 풍습에 따라 달과 일이 바뀌었음)이 되며 이 숫자는 앞으로 읽으나 뒤로 읽으나 같은 숫자가 된다. 홀수만으로 커졌다 작아지는 형태다. 아마도 다리의 안녕을 기원하기 위해 특별한 날짜와 시각을 간택했을 것으로 짐작되는데 구시가지 쪽 탑에 이를 새겨 놓았다. 잦은 홍수에 다리가 떠내려가지 않도록 바라는 염원이 얼마나 간절했는지 짐작할 수 있는 대목이다.

찰스 다리와 프라하 성

이 다리는 보헤미아 지역의 사암 석재로 건설되었다. 전설에 의하면 이 사암 벽돌과 벽돌 사이에 바르는 모르타르에 계란을 섞었다고 한다. 아마도 강도를 높이기 위해서였을 것이다. 이 전설을 증명할 길은 없으나 근래의 실험 결과에 의하면 모르타르에 유기물 성분이 조금 섞여 있다고 한다. 그런데 계란을 섞은 것이 공학적인 이유에서만은 아닐 성싶다. 계란은 생명을 의미한다. 그래서 계란을 깨치고 나오는 병아리가 예수의 부활을 상징하지 않는가? 부활절 채색 계란의 전통이 슬라브 국가 중에서 기독교가 처음으로 소개된 체코의 남동부 모라비아 지방에서 유래했다고 하니 계란을 모르타르에 섞은 것이 우연은 아닌 것 같다.

이런 지극 정성이 있었기에 찰스 다리는 600년이 훨씬 지난 오늘날까지 살아남아 관광객들을 프라하로 끌어들이는 것이리라. 홍수가 잦은 블타바강에서 다리를 지켜내는 일이 어디 공학적으로만 해결될 일이었겠는가?

1 David J. Brown, Bridges: Three Thousand Years of Defying Nature, Mitchell Beazley, London, 1993

2 Jan Tomes, Oskar Kokoschka: London Views English Landscapes, Praeger Publishers, New York, 1972

3 Alan Levy, "Kokoschka: A gallery god in a city he loved," Prague Post, December 4, 1996

4 Oskar Kokoschka, My Life, Translated from German by David Britt, Thames & Hudson, London, 1974

5 Carol H. Fraser, "Kokoschka: Knight Errant of 20th Century Painting," Halifax Magazine, May 1980
http://www.jottings.ca/carol/kokoschka.html

27. 촌트바리와 모스타르 다리

Csontváry and Mostar Bridge

티바다르 코스트카 촌트바리 <모스타르의 로마 다리>
1903년, 캔버스에 유채, 92 x 185cm
페치 촌트바리 미술관

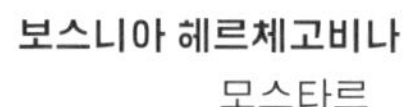

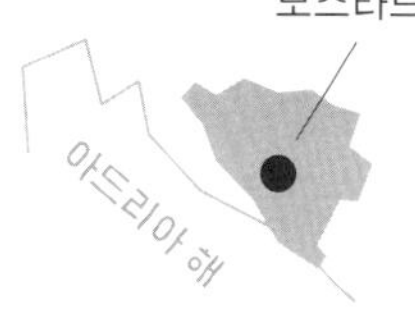

모스타르에서 종교가 서로 다른 세 민족이 오랫동안 평화롭게 공존하는 것을 묵묵히 지켜보던 이 다리는 제2차 세계대전 이후 가장 잔인한 인종청소의 현장을 목격하게 된다. 크로아티아-보스니아 전쟁은 모스타르에 엄청난 고통과 파괴를 몰고 왔다.

에메랄드빛의 네레트바강을 가로지르는 다리와 주변 풍경은 꿈에서나 만날 듯한 환상의 세계를 연상시키며 기묘한 느낌을 자아낸다. 사람은 한 명도 보이지 않는다. 모든 것이 멈춘 이 그림에서 작은 폭포의 물줄기만이 유일하게 살아 움직이는 자연이다.

1903년 봄, 모스타르에 들른 화가 촌트바리는 그곳의 다리에서 영감을 얻어 그림 한 점을 남겼다. 현실이 아닌 듯 적막하고 쓸쓸한 풍경은 초인적인 작품을 꿈꾸던 괴팍한 한 화가의 고립된 자아를 내보이는 듯하다.

과대망상의 괴짜 화가

티바다르 코스트카 촌트바리 Tivadar Kosztka Csontváry (1853~1919)는 헝가리 출신으로 20세기 초반 아방가르드 '운동권'을 거쳐 간 화가 중 하나다. 발음하기 가장 어려운 이름을 가진 화가 중 한 명일 것이다. 물론 우리에게 익숙하지 않은 헝가리 사람이기 때문이기도 하지만 이름이 풍기는 느낌처럼 그의 행적도 괴팍하다. 후기 인상주의와 표현주의의 중간 정도의 화풍이라고 할 수 있으나, 어느 특정 장르에 속하지 않은 그만의 독자적인 스타일을 가지고 있다. 헝가리 출신 화가로는 아마도 가장 잘 알려진 화가일 것이다.

촌트바리는 1853년 헝가리 왕국의 키쩨벤에서 태어났다. 약사로 활동하던 그는 27세에 신비로운 경험을 했다. "너는 라파엘로보다 더 뛰어난, 가장 위대한 화가가 될 것이다"라는 계시를 들었다는 것이다. 그 이후로 그는 세계 각지를 여행하면서 그림 공부를 했다. 그의 주요 작품은 대개 앞의 그림처럼 1903~1909년 사이에 제작된 것이다. 서구에서 나름 재능 있는 작가로 인정을 받는 동안에도 그의 조국 헝가리에서는 미치광이 취급을 받았다. 채식주의, 반 알코올주의, 반 흡연주의, 평화주의 등 괴팍한 그의 생활 방식 때문이기도 했지만 그의 예언자적인 특이한 성정 때문에 더욱 그랬다.

살아 생전 예지적이고 초현실적인 그의 작품이 환영 받지 못한 것은 어쩌면 당연한 일이었을 것이다. 태생적으로 고립된 성격의 소유자였던 그는 결국 말년에 자신의 실패를 받아들이지 못하고 정신적인 붕괴를 겪는다. 그러나 그가 죽고 수년이 지난 후 헝가리의 페치 Pecs 미술관은 미술관 전체를 그의 작품으로 채운 전시회를 연다. 그리고 그의 작품에 대한 세평도 점차 좋아지기 시작한다. 피카소도 그의 천재성을 알아본 사람 중 하나였다고 한다.

산꼭대기에 홀로 서 있는 삼나무

"나, 티바다르 코스트카는 정상적인 직업을 택하여 편안함과 부를 가졌으나, 보이지 않는 영혼의 부름을 받고 세상의 재탄생을 위해 젊음을 포기하고 1907년 파리로 가서는, 오로지 신의 은총을 받아 홀로 수백만의 사람들과 맞섰노라. 그리고 텅 빈 세상의 허망함을 질타했노라. 그러나 나는 천만 명의 사람을 죽이지는 않았으며 다만 그들이 깨어나도록 했노라. 나는 상업적인 것을 추구하지 않았노라. 거간꾼들의 매체를 좋아하지 않았으므로. 대신 나는 세상으로부터 은퇴하여, 레바논의 산꼭대기에 올라 삼나무들을 그렸도다."

티바다르 코스트카 촌트바리
〈홀로 서 있는 삼나무〉
1907년, 캔버스에 유채
194×248cm
페치 촌트바리 미술관

그가 1910년대에 쓴 〈긍정 Positivum〉이라는 글에 담긴 일종의 자전적 선언이다.[1] 다소 황당무계한 글을 통해 그의 과대망상적 성향을 읽을 수 있다. 자신의 작품성에 대한 과신으로 그런 생각을 하게 된 것인지, 정신적으로 불안하여 화가의 길로 들어섰던 것인지는 확실치 않다. 아무튼 그가 레바논 산꼭대기에 올라가서 그렸다는 삼나무가 바로 위 작품이다. 그 스스로의 존재감을 표현한 것으로 보이는 이 그림이 그의 대표작으로 통한다.

이 괴팍한 화가가 한 폭의 그림으로 남겨 놓은 〈모스타르의 로마 다리〉는 과연 어떤 다리인가? 촌트바리는 '로마 다리'라는 제목을 붙여 놓았지만 실제로는 오스만 제국의 기술로 건설된 다리다. 1557년에 건설이 시작된 이 다리는 9년이 걸려 완성되었다. 그러나 400년 이상을 잘 버티고 서 있던 다리가 20세기를 마감하기 직전 한순간 강 아래로 부서져 내리고 말았다. 무슨 일이 있었던 것일까?

화석화된 초승달

모스타르 Mostar는 현재 보스니아-헤르체고비나에 속한다. 로마 시대로부터 전해오는 오래된 다리를 중심으로 생겨난 조그만 마을에서부터 출발한 도시다. 이 다리가 '스타리 모스트 Stari Most' 즉 '오래된 다리'다. 여기서 모스타르라는 마을 이름이 유래했다고 한다.[2] 이곳에 언젠가부터 목재 현수교가 생겨났다. 17세기 오스만 제국의 역사가이자 지도 제작자였던 카티프 첼레비 Katip Çelebi (1609~1657)의 기록에 의하면 이 다리는 대단히 낡고 위험했던 것 같다.[3]

> "이 오래된 목재 다리는 체인에 매달려 있었다. (…) 흔들림이 너무 심해 건너가는 동안 사람들은 죽음의 공포를 느껴야만 했다."

1557년 오스만 제국의 술탄 술레이만 대제는 이 위험한 목재 현수교를 석재 아치교로 교체할 것을 명한다. 이후 9년에 걸쳐 아치교가 건설되고 1566년 개통된다. 경간이 무려 27m에 이르는 이 다리는 당시 세계 최장의 아치였을지도 모른다. 길이 30m에 폭이 4m인 이 다리는 여름의 최대 수위를 기준으로 20m의 높이에 있다. 다리 양측에는 17세기에 요새화된 성탑이 서 있다. 제2차 세계대전 중에는 독일군의 탱크가 지나다닐 정도로 견고한 다리였다.

교량 기술자는 비세그라드 Višegrad의 드리나강에 다리를 건설했던 오스만의 위대한 기술자 시난 Sinan의 제자인 하이루딘 Mimar Hajrudin이다.[4] 현지의 관광 가이드들에 의하면 이 다리에는 금속 핀과 계란으로 반죽한 모르타르가 사용되었다고 한다. 그러나 실제 다리 건설에 대한 기록이 남아 있지 않아 뒷받침할 증거는 없다. 다만 건설 시기와 기술자의 이름은 구전으로 전해져 훗날 기록되었을 뿐이다.

이 다리의 별명은 '화석화된 초승달 Fossilized Crescent'로 오스만 교량 공학의 걸작으로 여겨진다. 전해지는 얘기에 의하면 술탄은 이 다리 건설이 또 실패할 경우 기술자를 사형에 처하겠다고 으름장을 놓았다고 한다. 성공에 대한 확신이 없었던 건설 책임자 하이루딘은 임시 지지 구조물을 치우는 날 스스로의 장례식을 준비하고 자기가 묻힐 무덤을 파고 있었다고 한다. 그러나 다리 건설은 대성공이었고 그는 소중한 목숨을 구했다. 그리고 다리는 이후 427년 동안 늠름하게 서 있으면서 그의 훌륭한 실력을 만방에 알리게 되었다.

> "이 다리는 마치 무지개 같이 하늘로 치솟아 이쪽 절벽에서 저쪽 절벽으로 연결되어 있다… 알라신의 보잘것없는 종인 나는 16세기를 거쳐 왔지만 이처럼 높은 다리를 보지 못했다. 절벽 사이를 하늘 높이 솟구쳐 있다."[5]

17세기 오스만의 유명 여행작가였던 에빌리야 첼레비 Evliya Çelebi (1611~1682)의 말이다. 첼레비의 기록에 의하면 '모스타르'라는 이름은 '다리를 지키는 사람들 Bridge-Keepers'에서 유래했다고 한다. 그러나 4세기 이상을 이 다리와 함께한 모스타르 주민들은 끝내 다리를 지켜내지 못했다.

평화의 공존이 무너져 내리다

1993년 11월 9일, 보스니안 크로아트의 탱크는 훔 산에서 다리에 포탄을 쏟아붓고 있었다. 좌안의 무슬림 저항군이 강의 우안에 남아 있던 사람들에게 다리를 통해 물자를 공급하는 것을 차단하기 위한 것이었다. 수세기를 견뎌낸 다리였지만 다리를 부수기 위해 조직적으로 퍼붓는 60여 발의 포탄에는 속수무책이었다. 몇 개의 직격탄을 맞고 이 위대한 역사를 간직한 다리는 허망하게 강 아래로 무너져 내린다.

1993년 10월
다리가 무너져 내리기
직전의 어느 날 다리 모습

수세기 동안 모스타르에서는 정교회 세르비아인, 가톨릭 크로아티아인과 무슬림 보스니아인들이 평화롭게 공존해오면서 각 민족의 신앙을 지킬 수 있었다. 모스타르에는 여러 개의 정교회 예배당과 함께 많은 모스크와 가톨릭 성당이 있었다. 네레트바강을 가로지르는 모스타르 다리는 기독교 지역과 무슬림 지역을 이어주는 상징적인 구조물이었다.

다리가 파괴된 후
임시 구름다리가
설치되어 있는 모습

모스타르에서 평화의 공존을 묵묵히 지켜보던 이 다리는 제2차 세계대전 이후 가장 잔인한 인종청소의 현장을 목격하게 된다. '크로아티아–보스니아 전쟁 (1992~1994)'은 모스타르에 엄청난 고통과 파괴를 몰고 왔다. 헤르체고비나에서 가장 큰 도시였던 인구 11만의 모스타르에서 가장 치열한 전투가 벌어졌기 때문이다. 수많은 사람들이 집과 가족과 친구를 잃게 되었다. 내전을 치르면서 다리뿐 아니라 모스타르의 예배당들은 거의 다 파괴되어 폐허가 되었다.

내전 초기에는 가톨릭과 무슬림이 힘을 합쳐 세르비아인을 공격했으나 나중에는 서로 싸우는 바람에 다리가 파괴된 것이다. 이로 말미암아 도시는 다시 둘로 쪼개졌고 결국 평화의 공존을 상징하는 다리를 잃고 말았다. 이 다리가 어떤 다리인가. 이 다리는 수백 년을 이 도시와 함께하면서 오스만 제국을 비롯해 오스트리아-헝가리 제국의 통치와 소련 공산당의 통치를 견뎌낸 다리이며, 종교가 서로 다른 세 민족이 오랫동안 평화롭게 공존하는 것을 지켜본 다리가 아니던가.

유네스코가 발 벗고 복원에 나서다

이 다리는 1999년 재건이 시작되어 지난 2004년에 재개통되었다. 다리와 함께 전쟁 중 파괴되었던 시가지도 복원되었다. 유네스코와 세계은행 등이 발 벗고 나선 덕택이다. 터키와 이탈리아 등 여러 국가의 지원도 한몫했다. 유네스코 과학기술위원회의 감독 아래 다리를 똑같은 방법, 똑같은 재료를 사용하여 원래의 다리와 똑같이 복원하는 데 심혈을 기울였다.

이 다리 부근의 건물들은 중세, 오스만, 지중해, 그리고 서구 유럽의 건축적 양식이 공존하고 있었고 이는 다문화적 도시 발전의 전형으로 여겨졌다. 그래서 이 모스타르 다리와 시가지의 복원은 화해와 국제 협력의 상징일 뿐 아니라 문화적 인종적 그리고 종교적 다원성의 공존에 대한 인류의 염원을 담고 있다. 다리가 복원된 직후인 2005년 스타리 모스트 주변 지역과 모스타르 구시가지는 유네스코의 세계문화유산으로 지정된다.

다리 복원, 그 이후

내전이 발발하기 전에는 모스타르 사람들이 동일한 세르보-크로아트어를 쓰고 키릴 문자와 라틴 문자 두 가지를 함께 사용했다고 한다. 그러나 이제는 달라졌다. 지금은 이 세 개의 지역사회가 차별화를 위해 서로 다른 언어를 사용한다고 한다. 그리고 문자의 경우는 학교에서 보스니아-세르비아인은 키릴 문자를, 그리고 무슬림 보니스아인과 가톨릭 보스니아인들은 라틴 문자만을 배운다고 한다.[6] 다리는 재건되었으나 내전의 상처는 아물지 않았다. 양안이 다리로 다시 연결되었으나 사람들의 마음은 아직도 차갑게 단절되어 있다.

다리 위에서 한 젊은이가 다이빙을 하고 있다.

이 도시의 젊은이들은 성인이 되는 통과의례로 모스타르 다리 위에서 강물에 뛰어드는 전통이 있다. 위 사진은 새로 복원된 다리에서 한 젊은이가 물에 뛰어드는 장면을 보여주고 있다. 모스타르 다리는 이들 모스타르의 주민들에게 어떤 의미였을까?

가장 나이 많은 모스타르 주민

"1993년 11월 9일 보스니아-크로아티아 탱크가 크로아티아 지역과 무슬림 지역을 구분하던 16세기 다리를 폭파했다.

나는 아무 말도 할 수 없었다. 혼자 있을 때면 눈물이 났다. 내가 다리보다 오래 살게 된 것을 믿을 수가 없었다. 그것은 우리들의 다리였다. 누군가 에펠탑을 부숴버린다면 프랑스인들은 어떤 느낌이 들까? 누군가 콜로세움을 부숴버린다면 이탈리아인들은 어땠을까?"

다리가 파괴되고 10년이 지난 후 다리의 재건이 한참 진행되고 있을 때 에미르 발릭이라는 보스니아계 무슬림 소년이 〈타임 Time〉지에 기고한 글을 여기 옮긴다.[7]

"우리는 다리를 친구로 여겼다. 가장 나이가 많은 모스타르 주민으로 존경하고 자랑스러워했다. 전쟁 중에 많은 사람들이 죽음을 당했다. 그러나 다리가 파괴되었을 때 모든 모스타르인들은 하루 동안을 스스로 애도의 날로 선언했다.

난 당시 그 다리를 그대로 남겨두자고 말했다. 남겨둬서 훗날 자손들에게 상기시켜 주기 위해. 미친 사람들이 미친 시간에 어떤 짓을 할 수 있었는지를. 그러나 지금은 다리의 재건을 통해 이 도시가 덜 갈라서고 언젠가 양편이 다시 함께할 수 있기를 바란다. 물론 이 새 다리가 나는 자랑스럽긴 하다. 그런데 다리의 무엇인가가 죽임을 당한 것 같은 느낌이 든다. 옛 다리에는 알아볼 수 있는 세월의 흔적이 있었다.

다리를 재건하면서 열과 성을 다하겠지만 같은 다리가 될 수는 없다. 나는 다이빙을 할 것이다. 그리고 내 심장과 내 몸이 견딜 수 있을 때까지 다이빙을 계속할 것이다."

발릭은 16세가 되던 해에 처음으로 20m 높이의 모스타르 다리에서 뛰어내렸다. 세월의 흔적이 지워진 새로 태어난 다리에서.

1 촌트바리의 〈The Positivum〉에서 인용된 글은 아래의 사이트에서 옮김
http://en.wikiquote.org/wiki/Tivadar_Csontv%C3%A1ry_Kosztka

2 유네스코 세계문화유산 지정 안내 http://whc.unesco.org/en/list/946

3 http://en.wikipedia.org/wiki/Stari_Most

4 http://whc.unesco.org/en/activities/349/

5 위의 3과 동일

6 Monique B. Seefried, “A bridge across Mostar,” in Around the IB World, 2005.

7 Emir Balic, “Mostar, Bosnia and Herzegovina: 1993,” Time, Aug. 10, 2003
http://www.time.com/time/specials/packages/article/0,28804,2024035_2024499_2024962,00.html

28. 시냑과 갈라타 다리

Signac and Galata Bridge

폴 시냑 <골든혼, 콘스탄티노플>
1907년, 캔버스에 유채, 89 x 116.3cm
개인 소장

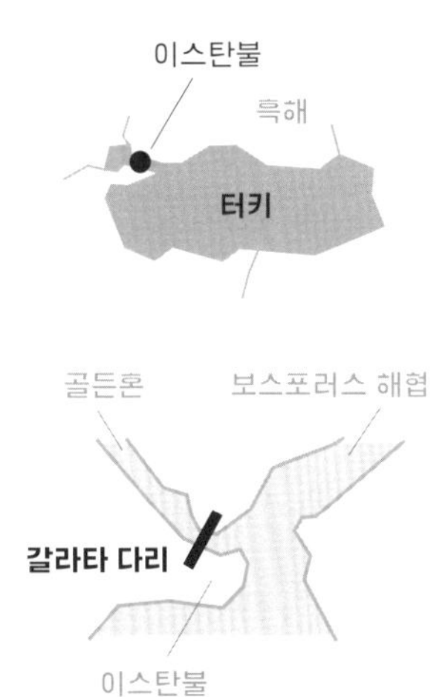

갈라타 다리는 이스탄불의 서로 다른 두 세상을 이어주는 상징적인 다리다. 전혀 다른 두 문화를 연결해주고 갈라주는 경계석이다. 다리 바로 옆에는 유럽과 아시아 쪽을 오가는 연락선 부두와 선착장이 있고 에미노뉴 전철역과 버스터미널, 또 오리엔트 특급의 종착역이던 시르케지 역이 있다.

미나레들이 희미하게 솟구치고 있다

작은 물감의 조가비가 만드는 모자이크 속에서

굴, 홍합, 전복…

그러나 이상하게도 녹색인 바다는

냄새도, 표면 아래 어두운 움직임도 없다

캔버스에서 물러서면 조가비들은

뒤섞이고 희미해지면서 바다의 안개가 된다

그리고 우리는 그것을 통해

비현실적인 도시를 본다.[1]

크고 작은 선박들이 골든혼의 잔잔한 물결 위를 가득 메우고 있다. 그 뒤 언덕 위로 모스크의 뾰족한 미나레들이 하늘을 찌르고 있다. 골든혼을 건너 바라본 콘스탄티노플의 풍경은 작렬하는 햇살에 눈이 부실 지경이다. 순수한 열광의 도가니고 몽환이다. 마치 바다에서 도시를 거쳐 하늘로 향하는 종교적 열망을 담은 듯 금빛과 카네이션의 붉은 색이 두드러지면서 색채의 조화가 뜨겁고 화사하다. 얼룩 같은 점들 하나하나가 그림의 표면으로 부드럽게 녹아 들어가면서 빛나는 서정적 평형을 이루어내고 있다.

굶주림과 목마름으로 바라보는 신기루

이 그림은 프랑스의 점묘파 화가 폴 시냑[2] 이 1907년 콘스탄티노플을 여행하면서 제작한 연작 중 하나다. 연작 중 크기가 가장 큰 작품으로 2012년 런던 크리스티 경매에서 140억 원에 낙찰되었다. 시냑은 갈라타 쪽에서 골든혼 너머의 콘스탄티노플 항구를 바라보고 있다. 요트를 직접 몰고 항해를 즐기던 시냑은 아마도 항로를 이용해서 이곳에 도착했을 것이다. 그리고 요트 위에서 바라본 콘스탄티노플의 인상을 그림에 담았을 것이다.

그림 왼편에 역사적인 갈라타 다리가 살짝 자태를 드러내고 있다. 철재 아치교로 묘사되어 있으나 당시의 갈라타 다리는 아치교가 아니라 부교다. 다리 중간에 선박이 지나다닐 수 있도록 상판을 들어 올린 아치 구간을 본 시냑은 다리를 익숙한 형식으로 재현했을 것이다.

앞서 인용한 글은 캐나다 출신의 전설적인 철도공학자요 발명가이자 시인인

스완슨 Robert Swanson (1905~1994)이 발표한 〈시냑의 콘스탄티노플 그림을 보고〉 라는 시의 앞부분이다.[3] 시는 이렇게 마무리된다.

이 물 위에서 들리는 소리는 그저 탄식 같다
이 물은 거품과 파도가 이는 바다가 아니다
녹색 선박들의 빛과
흰 미나레, 회색 돔, 누런 성벽의 반영을 가리는
단지 망사 같은 베일일 뿐
이 도시는
즐거운 항해를 마치고 돌아오는 피난처가 아니다
다만 굶주림과 목마름으로 바라보는 신기루일 뿐

'목구멍'의 끝자락에서 '황금뿔'을 가로지르는 다리

골든혼 Golden Horn 또는 금각만은 보스포러스 해협에 붙어 있는 하구만으로 이스탄불을 동서로 비스듬히 가르고 있다. 선사 시대에 홍수로 만들어진 하구만으로 길이는 7.5km이고 폭은 가장 넓은 곳이 750m다. 언월도 모양의 이 하구만은 수천 년 동안 그리스, 로마, 비잔틴, 그리고 오스만 제국의 선박들에게 피난처를 제공해오던 천연의 항구였다. 이 만이 보스포러스 해협과 만나 마르마라 해로 들어가면서 생기는 반도가 소위 '올드 이스탄불' 또는 고대의 비잔티움과 콘스탄티노플이다.

지도를 보면 흑해라는 머리 부분과 지중해라는 몸통 부분을 보스포러스 해협이 가늘게 이어주고 있다. 그래서 보스포러스 해협을 터키인들은 '보아즈' 즉 '목구멍'이라 부른다. 이 목구멍의 아래에서 살짝 왼편으로 굽어 들어간 해구만이 골든혼 즉 '황금뿔'이고 현재 이 황금뿔의 어귀에 있는 다리가 1994년에 완공된 갈라타 다리 Galata Bridge다.

보스포러스 해협 위성 사진

문헌에 기록된 골든혼 최초의 다리는 6세기에 건설되었다. 아야소피아 성당 건축을 비롯한 위대한 도시 건설 사업을 벌인 유스티아누스 대제가 세웠다. 구 콘스탄티노플 복원도를 보면 다리는 도시의 서쪽 끝 테오도시우스 성벽 근처에 위치하고 있다. 제법 상류 쪽에 세운 이 다리는 아마도 목재 다리였을 것이다.

구 콘스탄티노플 복원도. 골든혼의 끄트머리 테오도시우스 성벽 근처에 최초의 다리가 보인다.

산으로 간 배가 비잔틴 제국을 멸하다

1453년 4월, 오스만 제국의 메흐메드 2세는 콘스탄티노플을 포위하고 공격을 퍼붓지만 난공불락의 테오도시우스 성벽이 비잔틴을 근근이 버텨주고 있었다. 골든혼의 입구가 쇠사슬로 봉쇄되어 있었기 때문에 함대를 골든혼으로 진입시킬 수 없던 메흐메드는 비잔틴의 허를 찌르는 기막힌 작전을 수행한다.[4] 갈라타 뒤편의 산을 넘어 함대를 옮긴 메흐메드는 골든혼 상류를 점령하고 유스티아누스의 다리가 있던 자리에 부교를 건설하여 5월 29일 드디어 콘스탄티노플을 함락시킨다. 54일간의 치열한 전투 끝이었다.

콘스탄티노플을 간절히 원하던 스물 한 살의 강력한 지도자 메흐메드는 배를 산으로 옮겨 결국 비잔틴 제국의 마지막 숨통을 끊어버린다. 그리고 오스만 제국 역사상 유일하게 '정복자 Fatih'로 불리는 메흐메드는 제국의 수도를 에디르네에서 콘스탄티노플로 옮긴다. '세상 모든 도시의 어머니' 콘스탄티노플은 이렇게 이스탄불이 된다.

오스만 제국의 '퐁뇌프'였던 갈라타 다리

첫 번째 갈라타 다리는 1845년에 건설되었다. 다리에 새겨진 글에 의하면 이 다리는 술탄 압둘 메지드 1세 (1839~1861)가 건설했고 개통 당시 맨 처음 다리를 건넜다고 한다. 이 다리는 지스리 제디드 Cisr-i Cedid 즉 '새 다리'라 불렸다. 골든혼 상류에 있던 지스리 아틱 Cisr-i Atik 또는 '옛 다리'와 구별하기 위해서다.[5]

이 다리가 건설된 직후인 1851년에 제작된 판화를 보면 골든혼에 건설된 다리 두 개가 분명하게 표시되어 있다. 우측 하류 쪽에 있는 다리가 '새 다리' 즉 갈라타 다리다. 얼핏 보면 비슷해 보이지만 자세히 살펴보면 상류의 다리는 부교이고 갈라타 다리는 목재 거더교다. 선박의 통행을 위해 다리의 두 군데를 아치 형태로 높여 놓은 것을 볼 수 있다.

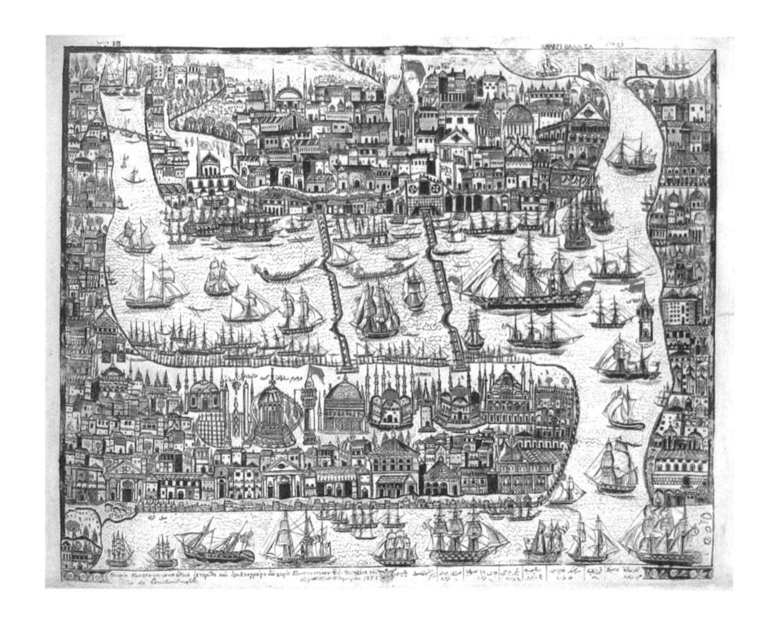

1851년에 칼디스가 제작한 지도. 다리 두 개가 보인다.

그러나 아랍의 '퐁뇌프'였던 갈라타 다리는 그리 튼튼하지 못했던지 불과 18년 만에 헐리고 만다. 1863년 술탄 압둘 아지즈 (1861~1876)의 명에 의해 재건된 것인데, 나폴레옹 3세의 이스탄불 방문에 맞춰 추진한 술탄의 도시 인프라 개선 사업의 일환이었다.

영구적인 부유식 다리를 건설하다

1870년, 세 번째 갈라타 다리의 건설을 위해 '포르쥬 에 샹티에'라는 프랑스 회사와 계약을 맺지만 보불전쟁의 발발로 지연된다. 전쟁이 끝나자 이 프로젝트는 '웰스'라는 영국 회사로 넘어간다. 1875년에 완공된 이 다리는 24개의 부유체를 이용한 부교 Floating Bridge다. 콘스탄티노플을 함락시킨 정복자 메흐메드의 업적을 기리기 위해 부교를 건설한 것이 아닐까 짐작해본다.

총 길이가 480m고 폭은 14m인 이 다리는 1912년까지 사용되다가 새 다리로 교체된다. 철거된 헌 다리는 상류로 견인되어 낡고 위험한 '구 다리' 지스리 아틱을 교체하게 된다.

1895년의 다리 모습. 골든혼 건너편 언덕에 갈라타 탑이 우뚝하다.

네 번째 갈라타 다리는 1912년 '휘텐베르크 오베르하우젠'이라는 독일 회사가 건설했다. 이 다리도 역시 부유식 교량으로 길이는 466m 폭은 25m다. 1992년 화재로 큰 피해를 입고 다시 현재의 다리로 교체되었다.

1994년 완공된 다섯 번째의 다리가 현재의 갈라타 다리다. 이 도개교는 터키의 기술로 건설되었다. 프랑스, 영국, 그리고 독일 회사를 차례로 거쳐 마침내 기술 자립을 이룬 다리의 역사가 흥미롭다. 다리의 전체 길이는 490m 폭은 42m다. 도개교 구간인 가운데의 주경간은 80m다. 이 다리에는 특이하게

도 전동차가 다니고 있다. 세계적으로 가동교 위로 전동 궤도 차량이 운행되는 몇 안 되는 다리 중 하나다.

현재의 갈라타 다리.
다리 중앙의 두 건물 사이가 도개교 구간이다.

다빈치가 구상한 아치 다리

1502~1503년, 골든혼에 다리를 건설하려던 계획이 있었다. 당시의 술탄 바예지드 2세는 이 다리의 설계를 다빈치에게 의뢰했다. 현재 이탈리아 밀라노의 '과학·기술 박물관'에 전시되어 있는 다빈치의 설계안은 포물선 형태의 아치 구조로 '당겨진 활' 원리를 이용한 다리다. 당시로서는 전례가 없는 단경간 240m에 폭 24m라는 경이적인 규모의 아치 다리였다. 그러나 아쉽게도 술탄은 이 설계안을 받아들이지 않았다.

흥미로운 점은 다빈치의 설계안에 의구심을 가진 술탄이 또 다른 거장인 미켈란젤로에게도 다리의 설계를 의뢰했지만 이번에는 웬일인지 미켈란젤로가 거부했다고 한다. 자신이 없었던 것일까? 아니면 그의 걸작 다비드 상을 완성하느라 시간을 낼 수 없었던 것일까? 아무튼 이곳의 다리 건설 계획은 19세기까지 추진되지 못한다.[6]

다빈치의 골든혼 다리 계획은 500년이 지난 2001년 노르웨이 오슬로 근처의 조그마한 도시 워스에서 실현된다. 샴이라는 한 예술가의 집념과 대학교 설계 프로젝트 팀의 협력으로 4차선 도로를 가로지르는 조그마한 육교로 구현되었다.

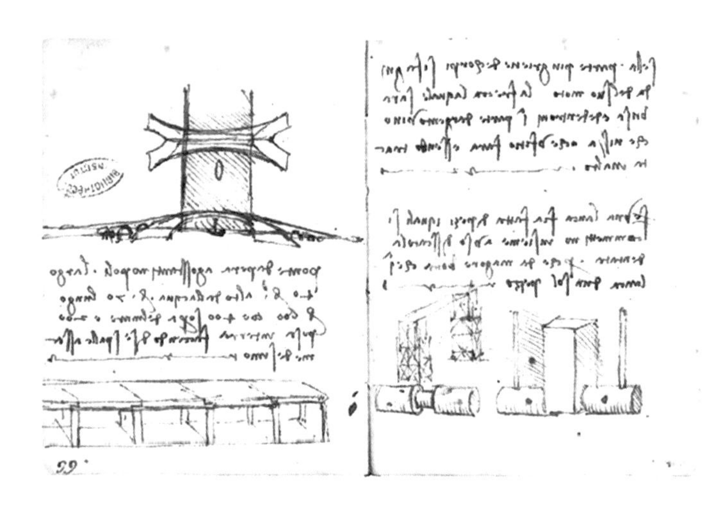

다빈치가 1502년에 구상한 골든혼의 다리

두 세상을 잇는 가장 분주한 다리

갈라타 다리는 이스탄불의 서로 다른 두 세상을 이어주는 상징적인 다리다. 전혀 다른 두 문화를 연결해주고 '갈라'주는 경계석이다. 남쪽 구시가지는 제국의 궁전과 주요 종교적인 기관이 존재하는 신성하고 전통적인 곳이며, 골든혼 건너의 북쪽은 주로 무슬림이 아닌 주민들 특히 외국 상인들과 외교관들이 살고 일하는 세속적인 신시가지다. 구시가지 쪽 다리 진입부는 예미 자미가 당당하게 지키고 있고 다리 건너 반대편 언덕 위에는 갈라타 탑이 다리를 지그시 굽어보고 있다.

또 하나 이 다리가 독특한 점은 도개교 구간 양편으로 다리를 2층으로 건설해서 아래층을 시장과 식당가로 활용하고 있다는 점이다. 위로는 자동차와 전차가 다니고 아래층은 로칸타, 카페, 기념품 가게들이 늘어서 있어 늘 사람들로 북적인다. 이 많은 사람들은 대체 어디서 오는가. 다리 바로 옆에는 유럽과 아시아 쪽을 오가는 바푸르(연락선) 부두와 선착장이 늘어서 있고, 에미노뉴 전철역과 버스터미널도 이곳에 있다. 그뿐 아니다. 바로 지척에 역사적인 오리엔트 특급의 종착역이던 시르케지 역이 있다. 이래저래 이 다리는 세상에서 가장 분주한 다리다.

다리 아래층의 식당가. 건너편에 갈라타 탑이 살짝 보인다.

낚시하는 다리, 사람을 낚는 다리

갈라타 다리 주변과 다리 난간에는 낚싯대를 드리운 강태공들이 즐비하다. 옆에 놓인 통을 보면 놀랍게도 제법 살이 오른 통통한 생선들이 그득하다. 바다와 강이 만나는 곳이니 그리 놀랄 것도 없지만 말이다. 그러나 조심하시라! 워낙 사람이 많이 모여드는 번잡한 곳이라 간혹 사람을 낚는 낚시꾼들이 섞여 있으니.

다리 아래층 식당가 끝에 생선을 구워 파는 로칸타가 있다. 커다란 그릴에서 피어오르는 메케한 연기와 함께 생선 굽는 사람들, 생선을 사먹기 위해 줄 선 사람들, 행인들, 관광객들까지 합세해 북새통을 이루고 있다. 아마도 낚시꾼들이 잡은 고기를 식당에 바로 넘기는 것이 아닌가 짐작되는데, 필자는 식사한 직후라 생선구이 맛을 보지 못한 걸 아직도 후회하고 있다. 혹 다리를 방문할 기회가 있으면 세상에서 가장 싱싱한 생선구이를 꼭 한번 맛보길 권한다.

동서양의 교차로에서 실크로드를 잇다

> "비잔틴과 오스만, 두 제국의 수도로서 1600년 동안이나 그 명맥을 이어온 세계 역사상 가장 이야깃거리가 풍부한 도시…. 인류 문명의 퇴적층이면서 동서양의 교차로인 이스탄불은 민족 인종 지역, 종교, 언어, 문화가 얽히고설킨 곳이다. 실크로드의 최종점이자 기점이기도 하다."[7]

건설 중인 유라시아 터널

갈라타 다리에서 그리 멀지 않은 곳. 보스포러스 해협의 바다 밑과 바다 위에서 한국의 건설인들이 새로운 역사를 쓰고 있다. 보스포러스 해협 북쪽 끝

의 흑해 부근에 유럽과 아시아를 잇는 제3 보스포러스 대교가 우리의 기술로 시공되고 있다. 도로 8차선과 철도 2차선을 갖는 세계 최초의 대규모 사장-현수교 복합 형식이다. 322m인 주탑의 높이도 세계 최고다.

갈라타 다리 바로 코앞인 보스포러스 해협의 입구 마르마라 해저에서는 아시아와 유럽을 잇는 해저 터널인 '유라시아 터널'이 우리의 기술과 자본으로 건설되고 있다.[8] 얼마 전 철도 터널이 개통되어 두 대륙이 철길로 연결된 바 있다. 그러나 이 도로 터널이 개통되는 날 진정한 두 대륙의 연결이 완성될 것이다. 이 유라시아 터널은 아시아와 유럽 대륙을 이어주는 다리에 다름 아니다. 그리고 이 다리를 통해 실크로드가 아시아를 넘어 유럽으로 연장되고 있다.

사진의 출처

1. 래이버리와 포스 철도교

20p : 필자의 사진

2. 베리힐과 스털링 다리

29p : 필자의 사진
37p : 필자의 사진

3. 윌킨슨과 메나이 현수교

43p : Akke, 2007 @Wikimedia Commons
46p : Bencherlite, 2009 @Wikimedia Commons

4. 터너와 메이든헤드 철도교

53p : Nancy, 2008 @Wikipedia

5. 스캇과 웨스트민스터 다리

67p : http://www.gonomad.com/3726-wordsworth-plaque-on-westminster-bridge
70p : 필자의 사진

6. 컨스터블과 워털루 다리

76p : http://en.wikipedia.org/wiki/File:Waterloo_Bridge_1817.jpg

7. 드랭과 타워브리지

93p : Cmglee @Wikimedia Commons

8. 부르주아와 아르콜 다리

107p : 필자의 사진

9. 피사로와 퐁뇌프

116p : 볼프강 볼츠 ©1985 Christo

10. 르누아르와 퐁데자르

125p : 필자의 사진
126p : 카르티에 브레송, 1946

11. 모네와 아르장퇴이 철도교

133p : 아돌프 브라운, 1871
134p : Remi Jouan, 2007

12. 시슬레와 빌뇌브 라 가렌느 다리

146p : 구글맵에서 캡처 (google_co_kr_20140131_030551)

13. 시냑과 아비뇽 다리

153p : Charles Greenhough, 2010 @Wikipedia
156p : Christophe Raynaud de Lage @Festival d'Avignon

14. 고흐와 랑글르와 다리

166p : Guido, 2007 @Wikimedia Commons

15. 엘 그레코와 알칸타라 다리

172p : trasgo82 @panoramio

16. 르 브랭과 수블리키우스 다리

182p : 필자의 사진
184p : 필자의 사진

17. 쉬췌드린과 산탄젤로 다리

194p : 필자의 사진
196p : 필자의 사진

18. 라파엘로와 밀비우스 다리

202p : Anthony Majanlahti
209p : http://www.historyandwomen.com/2010/12/ponte-milvio-bridge-of-locks.html

19. 로제티와 폰테베키오

216p : 필자의 사진
219p : 필자의 사진

20. 조토 다리와 치마부에 다리

224p : https://klimtlover.wordpress.com/14-late-medieval-italy/14th-century
230p : Luigi Capetti, 2008 @Panoramio

21. 카날레토와 리알토 다리

236p : Google Map
237p : Chene Beck, 2011 @Wikimedia Commons

22. 뒤러와 케텐쉬티크

244p : Google Map
246p : Tobias Bar 2008 @Wikimedia Commons
247p : Dr. Bernd Gross 2012 @Wikimedia Commons
248p : Dr. Bernd Gross 2012 @Wikimedia Commons

23. 쿠르베와 알테브뤼케

264p : Roland Meinecke 2010 @Wikimedia Commons
267p : 필자의 사진

24. 키르히너와 호엔졸레른 다리

275p : yoninja.com
276p : Ben Heine @Deviantart

25. 벨로토와 아우구스투스 다리

285p : Kolossos 2010 @Wikimedia Commons
286p : 페테르 푀플만, 1945
287p : Deutsche Photothek

26. 코코슈카와 찰스 다리

294p : 필자의 사진
301p : 필자의 사진

27. 촌트바리와 모스타르 다리

310p : http://bosniavolimte.blogspot.kr/2012/02/mostar-during-war-and-postwar-never
311p : Npatm 1997 @Wikimedia Commons
313p : Sven Wolter 2009 @Wikimedia Commons

28. 시냑과 갈라타 다리

324p : 필자의 사진
326p : 필자의 사진
327p : 필자의 사진

명화 속에 담긴
그 도시의 다리

초판발행 2015년 10월 26일
초 판 2 쇄 2017년 11월 27일

저자 이종세
펴낸이 김성배
펴낸곳 도서출판 씨아이알

책임편집 김현진
디자인 구수연
제작책임 이헌상

등록번호 제2-3285호
등록일 2001년 3월 19일
주소 (04626) 서울특별시 중구 필동로8길 43 (예장동 1-151)
전화번호 02-2275-8603 (대표)
팩스번호 02-2265-9394
홈페이지 www.circom.co.kr

ISBN 979-11-5610-161-1 03530
정가 17,000원

이 책은 (사)대한토목학회의 일부 지원을 받아 출간되었습니다.

1 2012년 크리스티 경매 Lot Note에서 재인용된 시를 옮김
http://www.christies.com/lotfinder/paintings/paul-signac-la-corne-dor-constantinople-5532382-details.aspx

2 폴 시냑에 관해서는 이 책 13장 '시냑과 아비뇽 다리' 를 참조하기 바란다.

3 스완슨 시의 원출처 R. Swanson, 'Looking at a Painting of Constantinople by Paul Signac', The Hudson Review, vol. 35, no. 4, Winter 1982-83, pp. 578-579

4 김형오,《술탄과 황제》, 21세기북스, 2012, pp. 163-175.

5 http://www.allaboutturkey.com/galata.htm

6 19세기 초 술탄 마흐무드 2세 (1808-1839)의 명에 의해 근대 최초의 다리가 세워졌다. 1836년에 완공된 이 부교가 바로 '구 다리'인 지스리 아틱이다.

7 위 김형오의 책 p. 371

8 김택곤, 조정식, "아시아와 유럽을 잇다", 대한토목학회지, 제63권, 4호. 2015년 4월, pp. 42-47.